陈思洁／编

张晨 李婵／译

家居软装
色彩搭配实用手册

辽宁科学技术出版社
·沈阳·

目 录

前言

自然界充满了各种不同的颜色，颜色本身是会说话的。它可以调适心情，可以传达感觉，更加可以影响视觉。在心理学中，每个颜色代表不同的心情：四原色红色、黄色、绿色、蓝色分别代表热情、希望、安全、沉稳……总在潜移默化中造成人心理的影响。在我们生活的周遭，每天看到的东西都有着自己的颜色或由各种不同色彩组成的图案，也都代表着不同的意义。

而在各种空间中，颜色可以说是不能被忽略的角色。身为一位专业设计师，在每个案子最初与业主沟通好设计方向，了解业主的喜好与个性后，我们会开始进行所谓的选材料；接着在选材料的同时，也会开始决定我希望让这个空间呈现出什么样的感觉，每组颜色的搭配将带给空间不同的视觉氛围，当然我所指的颜色绝对不是只有油漆的颜色，每项材料都有自己的色彩，然而透过整体设计与搭配，呈现出来的色彩搭配才会是一个空间的材料色彩搭配。

搭配颜色有基本的原则，或许选颜色对于很多人会觉得害怕和不确定，提供几个相较不出错的方法：

第一，颜色的色调搭配法，每个颜色都是可以互相搭配的，只要选择的色调是相同的，所谓色调，也就是在颜色中调和了灰色的色调，另外，调入的灰色也分为暖灰与冷灰，任何颜色只要它们是属于相同灰色调的原则下，我认为都是可以搭配的。

第二，通常一个空间中我们会选择单个抢眼鲜艳的颜色作为空间的主色，这个主色可以来自一个鲜艳亮丽的壁纸，可以是一块特别抢眼的沙发布，也能简单的是一面特别吸引目光的油漆墙，其他则使用中性色做辅助搭配色为原则。若太多的强烈色彩则会使空间显得混乱，因此在整个搭配的材料中，不论是壁纸、布料或是瓷砖等，都要注意颜色的选择。唯独木头可以不当一个颜色，木头就如时尚潮流中的牛仔裤一样，可以与任何颜色搭配。

第三，最简单也最不怕出错的在空间中添加色彩的方式就是利用家具或家饰品。可以是在一个清爽干净白色的空间中，选择一个抢眼的沙发，整个的感觉会不一样；甚至更小到一个亮眼的花瓶，原则上都能使整体设计看起来有其独有的个性。

所以，颜色在我们的生活中扮演着非常重要的角色。这本书中分别组合了八大类的色彩搭配氛围，在每个章节都有20种颜色，可以提供给读者一个很好的搭配参考，只要空间材料的色调与类别中的色调一样，相信善加应用就能简单地做出各种不同气氛的空间出来。

陈思洁

OJ设计工作室设计总监

"空间应该体现出人的个性与生活经验；每个空间都是一个故事，有着由空间的主人所创造的自己的风格。我们的设计就是要将这个故事提升为生活环境的艺术品，实现人们心底的渴望。" ——陈思洁

陈思洁 OJ设计工作室合伙人、设计总监，曾在美国纽约度过八年，这给她的设计带来丰富的视角和经验。她在室内设计领域有近十年的从业经验，能为各类项目提供新颖独特的设计方案。其设计作品多注重创意设计，致力于打造高度定制化的室内、家具和照明设计。

第一章

清凉海岸

现代滨海风格是设计师和业主永远偏爱的一种风格。那种舒适清新的感觉让我们想起慵懒的夏日或者异域的假期：阳光、沙滩、冲浪，一切触手可及！滨海风格就是借鉴明媚、美丽、让人充满生气的海滩，创造一种舒适、轻松、愉悦的室内氛围。

真正的滨海风格，不是把你的家用凡是你能得到的与海滩有关的大量元素来装饰。这里展示的设计作品，设计灵感和理念呈现出滨海与现代的完美结合：既忠实于滨海风格的特点，同时具备现代设计的时髦。

色彩的借鉴——沙滩、冲浪、贝壳

以完美的滨海风情来装饰的家居环境魅力无穷，让我们更贴近大自然，感受自然环境抚慰人心的力量。实现这一目标的最好的方法就是借鉴海滩的色彩。全白的背景是设计滨海风格的最佳起始点。其他中性色也可以，但用白色是绝对不会错的。

如果白色真的不适合你的设计，可以使用与海滩有关的色调，比如浅褐色、淡奶油色、木炭色、灰白色或者那种非常淡的黄色，使人想到拂晓时分阳光轻吻沙滩的景象。清新的淡蓝色、淡雅的浅绿色、淡青色以及蓝绿色这些色彩可以用作背景中的焦点，作为点睛之笔，让空间氛围活跃起来。

不要使用两种以上的焦点色；如果你需要用一些暖色调来调和冷酷的蓝色，可以使用素雅的橙色和深珊瑚色。

家具的选择

滨海风格的室内空间，家具的选择很有趣。首选是天然纤维和有机材料，能更进一步突出滨海的主题。主旨思想就是创造一种宁静、平和的环境，尽量贴近海滨生活的气息。柔软枝条编制的工具、藤条制成的家具和床，配上天然橡木框架，非常适合滨海风格。如果你还想更进一步的话，现代风格的帆布椅子和竹帘是理想的选择。

天然纤维制作的家具陈设很好，但不要忘了用舒服的白色沙发来搭配。如果是卧室的话，可以考虑清爽整洁的纯色（最好是白色）织物。可以选用条纹枕头，上面印上有关航海的图案，既能给房间增加一些焦点色彩，又不会破坏滨海的主题。

滨海风情的室内设计有很多种，从地中海风格到热带风格，从古典风格到航海风格，不一而足。不论你选择哪种风格，基本的东西都是一样的。确保你把这些基础的做好，剩下的就是小菜一碟！

冷与暖

现代家居环境简单清爽，但绝不是冰冷。舒适和轻松是关键，当然总体还是都市环境的氛围。起居室和餐厅这类地方，设计师可以使用灰褐色、黑色和木色，来增加温暖舒适的感觉。圆形上耳其式搁脚凳可以代替茶几，效果更加柔和。光洁的硬木地板让整个空间笼罩在温暖的色调下。

安静的卧室是主人独处的空间。这里，设计师可以选择自然元素，也可以使用其他更有个性的元素。各种材料混合使用是最佳选择，包括草编织品、抛光的镍制品、鸵鸟图案的乳白色压花皮革以及中国风的绒线刺绣品。这些元素出人意料地组合在一起，形成一种抚慰人心的空间氛围。

好的设计能反映你的个性和品位。但是，有时候你想要一种宁静的感觉，另外一些时候则想要比较戏剧性的感觉。下文是有关色彩搭配的一些设计建议，按照这些办法，你可以改变空间的氛围，同时取得统一协调的视觉效果。建议分为三类：大胆配色、平衡配色和精致配色。使用完美的配色能给你的家居环境带来意想不到的美感。

大胆配色

如果没有戏剧性的生活令你喜欢，那也就不必追求其他了。大胆的配色会让你的生活一下子就变得不同。将大胆的色彩及其相应配色相结合，你就可以轻松地创造出极具视觉冲击力的空间。

我们使用的色彩：

生命绿

清冷蓝

斯坎达蓝

不要害怕使用深色：

深色的房间和墙壁会凸显空间中所有其他色彩。这种效果会令你吃惊。在房间中布置深色或大胆的装饰品也能达到相同的效果。

平衡配色

平衡的色彩令人感觉舒适。平衡配色可以包含不同的氛围和品位。可以从选用几种中性色开始，以此作为基础来展开配色。在这种背景色下，再加入焦点色，为空间注入生气。一旦一个房间的配色确定下来，其他房间要与之保持统一和平衡。

我们使用的色彩：

浅黄褐

麦草黄

宁静绿

大胆配色
大胆即美

平衡配色
一切归于平衡

精致配色
深邃而精致

家具的新功能：

你可以尝试将各个房间的家具漆上同样的颜色，或者将书柜、衣橱或碗橱的内部漆成同样的颜色。要首先确认表面是可以上漆的，然后在处理之前，按照表面上漆的技术要求来准备。

精致配色

你是否会将你的家——或者是你家里的某些房间——视为自己心灵的庇护所？使用色调和饱和度相似的颜色，就可以很容易地营造出那种宁静平和的氛围。墙面、脚线、天花等处这样来配色，就能创造出抚慰人心的空间，让人感觉精神放松，同时又不失精致。

我们使用的色彩：

海盐白

柠檬草黄

常见米黄

白色天花的反思：

我们大部分人会将天花刷成白色。不管你信不信，如果将天花刷成与墙面相同（或稍浅）的一种或两种色调，会让空间感觉更宽敞。你可以试试看！

大面积的白色和蓝色描绘出
浓厚的地中海风情

金石 • 香墅岭二期——清新地中海

项目地址：中国，内蒙古呼和浩特
项目面积：134 平方米
设计单位：北京王凤波装饰设计机构
设计师：齐天震
摄影师：方立明

在这个空间中，设计师采用了大面积的白色和蓝色，不仅很好地体现出原户型宽敞的面积，也突出了地中海风格浓厚的休闲氛围。地中海风格的清新与舒适，很好地迎合了年轻购房者、特别是女性购房者的喜好。

客厅

设计师在整个样板间的设计中，打破原有以直线条为主的空间格局，在装修造型及家具选择上，采用了很多柔和的曲线设计。这些柔和的曲线给人舒适、放松的感觉，打破了现代住宅给人生硬、冰冷的印象。在客厅的大落地窗一角，设计师还安排了一个装饰性的壁炉，同样采用了曲线为主的设计。落地窗帘、靠枕等布艺以及一些可爱摆件选择了深浅错落的蓝色相互搭配，与米白色的沙发共同营造出沙滩海浪的宁静氛围。

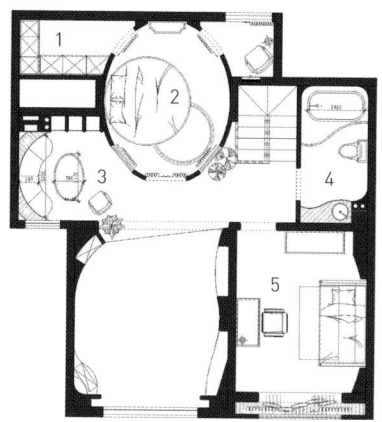

二层平面家具布置图

1. 衣帽间
2. 主卧
3. 起居室兼书吧
4. 主卧
5. 儿童房

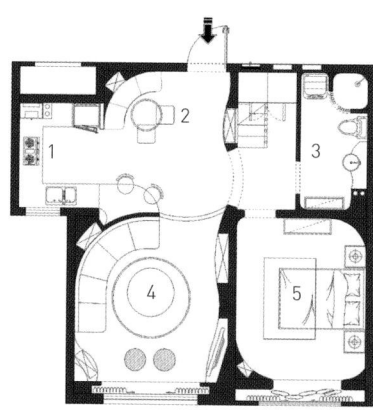

一层平面家具布置图

1. 厨房
2. 餐厅
3. 卫生间
4. 客厅
5. 客卧

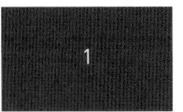

1

C:90 M:70 Y:0 K:0

2

C:55 M:0 Y:10 K:0

3

C:25 M:60 Y:75 K:0

餐厅、厨房

一层空间被规划成为一个公共区域，除了带有大幅落地窗的客厅区域之外，还有餐厅、厨房和一个公共卫生间。设计师把餐厨区域合为一体，让空间显得更加通透。单独的早餐吧设计，更加丰富了空间的使用功能。橱柜、餐凳等仍然使用错落的蓝色系做装饰，与客厅形成呼应，让业主拥有惬意的就餐环境。

1
C:0 M:9 Y:9 K:0
2
C:90 M:70 Y:0 K:0
3
C:55 M:0 Y:10 K:0
4
C:25 M:60 Y:75 K:0

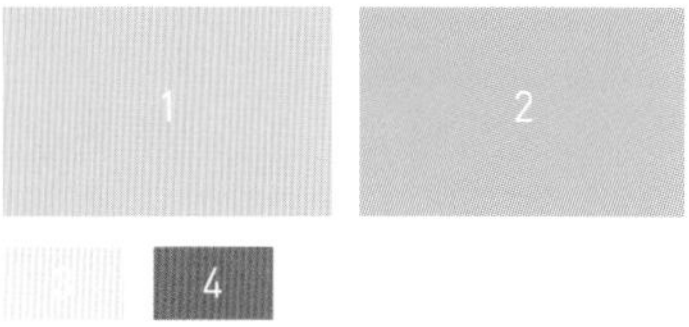

卫生间

浓重的海洋气息，也同样洋溢在卫生间里。水滴形状的镜子，是设计师精心挑选的。而白色的浴缸配以马赛克的墙面，恰似一条小船停靠在海边的沙滩上。

1
C:0 M:13 Y:75 K:0

2
C:55 M:0 Y:10 K:0

3
C:0 M:9 Y:9 K:0

4
C:25 M:60 Y:75 K:0

1
C:55 M:0 Y:10 K:0
2
C:90 M:70 Y:0 K:0
3
C:25 M:60 Y:75 K:0
4
C:0 M:45 Y:95 K:0

通往 2 楼的通道

通过一道漂亮的海蓝色楼梯，就可以到达空间的二层。
这里是业主家庭的专属区域，设计师在这里安排了主
卧室、儿童房和一个客卧，以及一个家庭活动区域。
在二层空间的处理上，设计师加入了一些温暖的黄色
调，使整个空间看起来更加温馨和舒适。

1

C:55 M:0 Y:10 K:0

2

C:90 M:70 Y:0 K:0

3

C:25 M:60 Y:75 K:0

4

C:0 M:45 Y:95 K:0

客卧

客卧的设计虽然简单，但也同样精彩。海螺形的顶面装饰、床头悬挂的贝壳工艺品镜框还有床头灯可爱的海星造型，无不实现了整个空间设计的海洋主题。局部姜黄色和柠檬黄色的布艺点缀使空间显得更加鲜活灵动。

1
C:90 M:70 Y:0 K:0

2
C:55 M:0 Y:10 K:0

3
C:25 M:60 Y:75 K:0

主卧室

主卧室是二层的重点区域，设计师把卧室空间也处理成弧形的，一张大大的圆床让人眼前一亮。蓝白条纹的床品与墙面壁纸形成了统一，让空间显得非常清新。

设计师在主卧室与楼梯相邻的墙面上，特别设置了一扇弧形的大窗。让原本封闭的卧室与整个二层形成"互动"，让整个空间的趣味性和层次感进一步加强。

1
C:55 M:0 Y:10 K:0
2
C:90 M:70 Y:0 K:0
3
C:25 M:60 Y:75 K:0

儿童房

儿童房的海星形吊顶暗藏了发光灯带，与储物柜形成一体的床榻设计趣味性十足。而蓝色的飘窗配以蓝色碎花的窗帘造型，既装点了空间又有很好的实用性。壁纸、地毯和椅子使用了条纹图案，与一层的空间遥相辉映，加强了空间的整体性和趣味性。

大量海洋元素的引入
实现了功能与意境的双重需求

深圳中央山

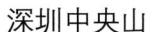

项目地址：中国，广东
项目面积：110平方米
设计单位：戴勇室内设计师事务所
设计师：戴勇
摄影师：陈维忠
使用物料：白沙米黄云石、蓝金沙云石、仿石瓷砖、墙纸、
艺术马赛克、榉木喷白漆等

本案中充斥着浓厚的现代海滨风格，实现了渴望亲近海洋清新却深居繁华都市的人的
梦想。室内陈设中引入了很多海洋元素：玻璃小鱼、贝壳项链、游泳圈、白帆等。设
计感上也非常现代，空间几何图形的强化、装饰材料和家具材质的选择、蔚蓝色对意
境的渲染等。这一切都是一种思绪的自由漫延，而非刻意深化的特定家居主题。

1

C:15 M:18 Y:22 K:0

2

C:45 M:14 Y:8 K:0

3

C:70 M:70 Y:70 K:30

客厅

蓝和白永远是地中海风格的主打色。这套样板房在色彩搭配上也不例外。设计师首先用纯净的白色和古旧的米黄色来铺开整个客厅，而蓝色则多作为空间的点缀色或是局部配色来运用。米白的墙面带着肌理漆的质感，那种天然的感觉好像来自于海边峭壁上屹立的古希腊石柱。白色作旧的木饰面以及地面精心排列的线性大理石砖，带着斑驳的怀旧感而又不乏现代时尚感。

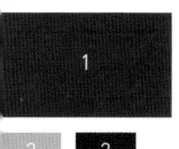

1

C:85 M:70 Y:30 K:0

2

C:45 M:14 Y:8 K:0

3

C:70 M:70 Y:70 K:30

平面图

1. 卫生间
2. 主卧
3. 儿童房
4. 客卧
5. 书房
6. 厨房
7. 餐厅
8. 起居室
9. 玄关

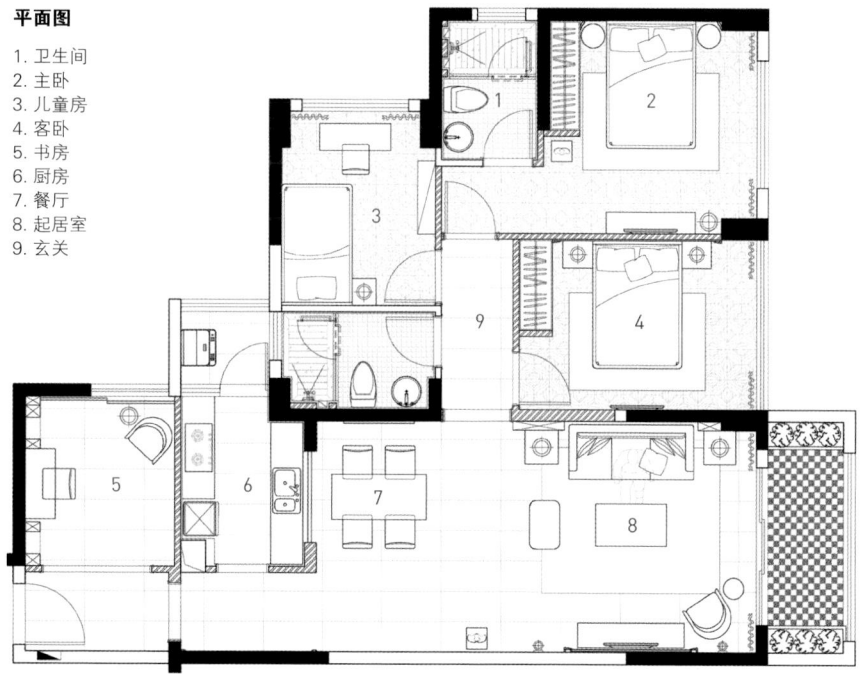

餐厅

餐厅的吊灯极具几何时尚造型，餐桌上摆放着蓝紫色的精美插花，海蓝色的玻璃瓶，蓝白的玻璃酒杯配上编织造型的精美餐具，让人仿佛置身在海滨之中。

卧室与儿童房

主卧和客房背景墙的壁纸分别使用了接近于大海和蓝天的颜色。儿童房加入不少海洋元素，玻璃鱼、贝壳项链、游泳圈、白帆、吹螺顽童小雕塑、海神游嬉的装饰画，为儿童营造了一个舒适轻松的生活与学习的氛围。这些空间中出现的蓝，被设计师划分了很多层次，如同矢车菊的花瓣，深深浅浅。

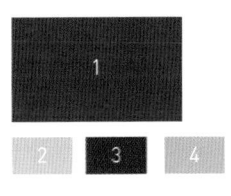

1
C:85 M:70 Y:30 K:0
2
C:15 M:18 Y:22 K:0
3
C:70 M:70 Y:30 K:0
4
C:45 M:14 Y:8 K:0

清凉海岸

1

C:15 M:18 Y:22 K:0

2

C:45 M:14 Y:8 K:0

3

C:70 M:70 Y:70 K:30

书房

白色的背景墙就好比一幅完整的画布，仿佛可以让置身其中的人随心所欲描上自己喜爱的感性色彩，实施自己的无限遐思；对面的墙壁描上水蓝是意指将大海的清新引进来；天然木材和纤维质感的桌椅沙发，足以突显海滨风格主题，既体现环境的纯净安宁，又可以尽可能地接近一种海滨生活的真实体验。

Y HOUSE 住宅

项目地址： 土耳其，博德鲁姆
设计单位： Ofist 建筑事务所
设计师： 亚塞明·阿帕克
摄影师： Ofist 建筑事务所

Y House 项目中的大部分配色取自博德鲁姆高尔考依的当地文化与地理环境。设计的地中海风格特征明显，而博德鲁姆风情则使其更加别致。已登记色彩中甚至有一种特定的博德鲁姆蓝色。

纹理粗糙的白色粉刷墙面在整个房子中随处可见，延续着博德鲁姆房屋使用熟石灰粉刷的传统。天花板的板条装饰上也再次使用了白色。灰色的当地石板与天然贴面橡木、美国胡桃木为项目打造了一个自然而鲜明的整体背景。

客厅

木材、铁与石头等天然材料的应用体现当地风情，墙上的石板、粗糙灰泥墙壁、天花板上的板条装饰都让人联想起传统建筑。客厅高而质朴的天花板下方是飘浮的面板，作为第二个层次打造传统的旧式天花板结构。

多种蓝色以自然的方式搭配在一起，较深、较浓的颜色与较浅、较淡的颜色之间形成对比与反差。一些较为深而浓烈的蓝色与蓝绿色以及较为平静、柔和的蓝色与绿调蓝色被叠加使用，营造出和谐的色彩环境。

1
C:75 M:40 Y:20 K:0

2
C:30 M:30 Y:30 K:0

3
C:35 M:0 Y:20 K:0

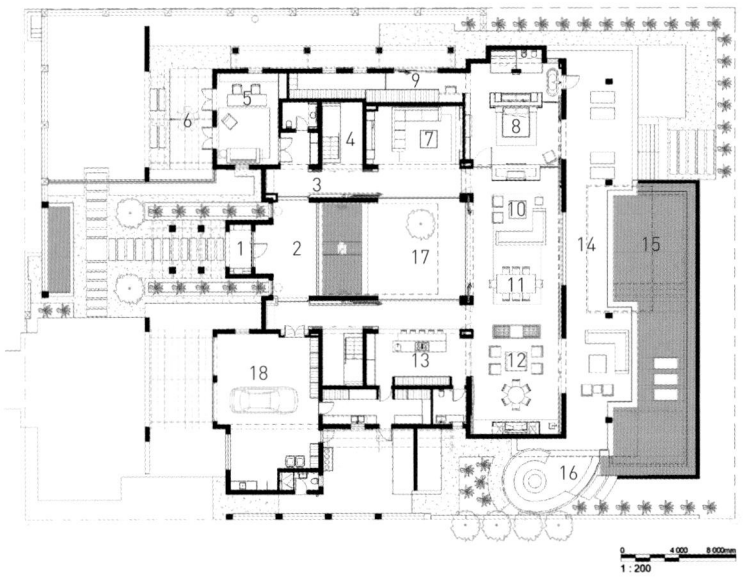

平面图

1. 门廊
2. 大厅
3. 过道
4. 楼梯
5. 办公室
6. 办公室露台
7. 电视休闲区
8. 主卧
9. 更衣室
10. 休闲区
11. 餐厅
12. 非正式休闲区
13. 厨房
14. 平台
15. 泳池
16. 围栏
17. 庭院
18. 车库

1
C:35 M:0 Y:20 K:0
2
C:30 M:30 Y:30 K:0
3
C:65 M:55 Y:55 K:0

餐厅和厨房

所有橱柜和衣柜上使用的木质表面都反映着传统工艺与风格。这些木质材料都在安装后刷上了油性白漆，粗糙的墙面则用亚光水性涂料粉刷。增加的浅灰色和米色形成柔和的过渡色，自然而中性的配色提升温暖与宁静之感。

卧室

考虑到房屋朝向海湾的视野，自然环境与相应的色彩都会不可避免地成为房屋配色的一部分。深蓝色的大海，蓝色的天空与地中海绿色、亮粉色相映生辉……

最后设计师在窗口等位置增加了几个类似的小而坚实的雅致黑色金属元素。大部分铁结构通常出现在家具和隔断，以及窗帘挂钩和扶手上，形成必要的反差。还选用了一些金属照明元素，打造动感、活跃的气氛。

1
C:35 M:0 Y:20 K:0

3
C:30 M:30 Y:30 K:0

2
C:10 M:30 Y:20 K:0

4
C:65 M:55 Y:55 K:0

蓝色，极简风格与欢乐的无限空间

蓝色避风港

项目地址：中国，台湾
项目面积：150 平方米
设计单位：好室设计
摄影师：Hey!Cheese 摄影

本案是高雄一对年轻夫妻的家，升格为爸妈的他们，依旧渴望有个除了能够听见孩子欢笑，同时也能够如往常享受海洋般清新气息的生活居所。他们的家，便是在照料孩子与约会的蓝色情境之间，对生活的平衡诠释。另外，夫妻提出了开放式厨房的需求，希望在烹饪时，也能够同步掌握孩子于客厅的动态，并且将客厅打造为专属孩子的天地。

客厅

客厅采用了懒骨头形式的湖蓝色沙发，以较低尺度冷灰色的地板和灰蓝色的家具进行搭配，使空间视觉更为通透，散发着浓浓的海洋味道。而客厅天花板则以米色木隔栅作为简约而和谐的细部区隔，提升空间暖度。当孩子渐长，木格栅下方的空间，提供有如小图书室的阅读空间。此外，客厅窗景为一家人勾勒出生活的轮廓，亦为无界限空间的设计重点；当每个人一回到家，视线便会不由自主落在大面窗引入的风景，窗边所打造的舒适卧榻，丈夫可在此处欣赏城市的晴雨天光，而妻子也总能抱着计算机倚坐，伴随一杯咖啡享受午后的书写时光。

为了培养孩子的创造力，设计师在家的各处，打造可让孩子创作的秘密基地，譬如玄关的乐高作画，让小朋友可动手拼贴，提高对色彩的敏感度，客厅也有一道黑板墙，总绘有可爱的卡通人物对孩子招手，也激发孩子们随手涂鸦的兴致。

1
C:45 M:14 Y:8 K:0

2
C:85 M:70 Y:30 K:0

3
C:30 M:45 Y:50 K:0

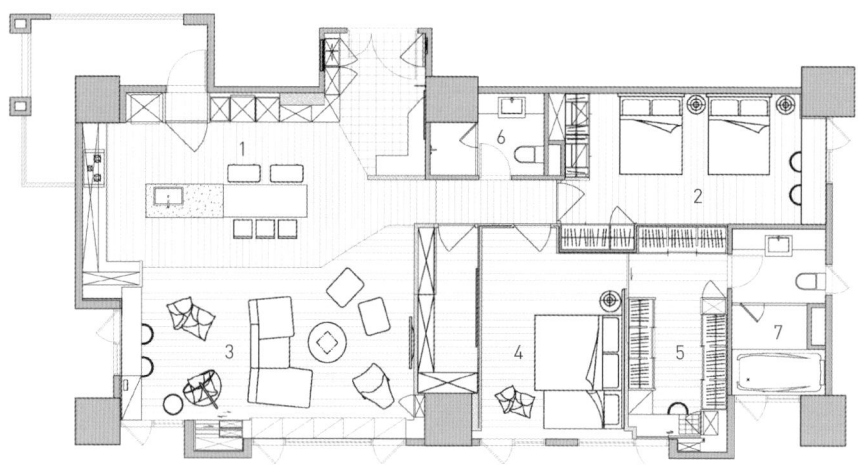

平面图

1. 厨房与餐厅
2. 主卧
3. 客厅
4. 儿童房
5. 衣帽间
6. 卫生间
7. 浴室

1

C:40 M:30 Y:30 K:0

2

C:45 M:14 Y:8 K:0

3

C:30 M:0 Y:20 K:0

4

C:30 M:45 Y:50 K:0

餐厨

厨房与餐厅，无疑是这个家的一大重头戏。热爱料理的男女主人，两人时常一起做菜，依照业主性格，设计师设计了摩登而内敛的现代风格。黑色马赛克瓷砖铺排的中岛与厨房背墙，搭配灰色天花板，带点冷调与酷劲，在植入天空蓝木纹板打造的高柜之后，搭配几盏水泥质感的北欧吊灯，使得整个氛围洋溢着海洋般的清新感；一张木质大长桌的存在，则是犹如展开的画布，低调衬起每道料理的色彩。餐厨运用以蓝色为主调的各异质材，书写空间层次，譬如，厨房通往阳台的门，是可挂起 S 勾展示厨房用具的冲孔板，其孔洞兼具通风、收纳效果，提升美感与实用性，同时使人犹如置身海洋中一般。

	1
	C:90 M:70 Y:0 K:0
	2
	C:55 M:0 Y:10 K:0
	3
	C:25 M:60 Y:75 K:0
	4
	C:0 M:0 Y:70 K:0

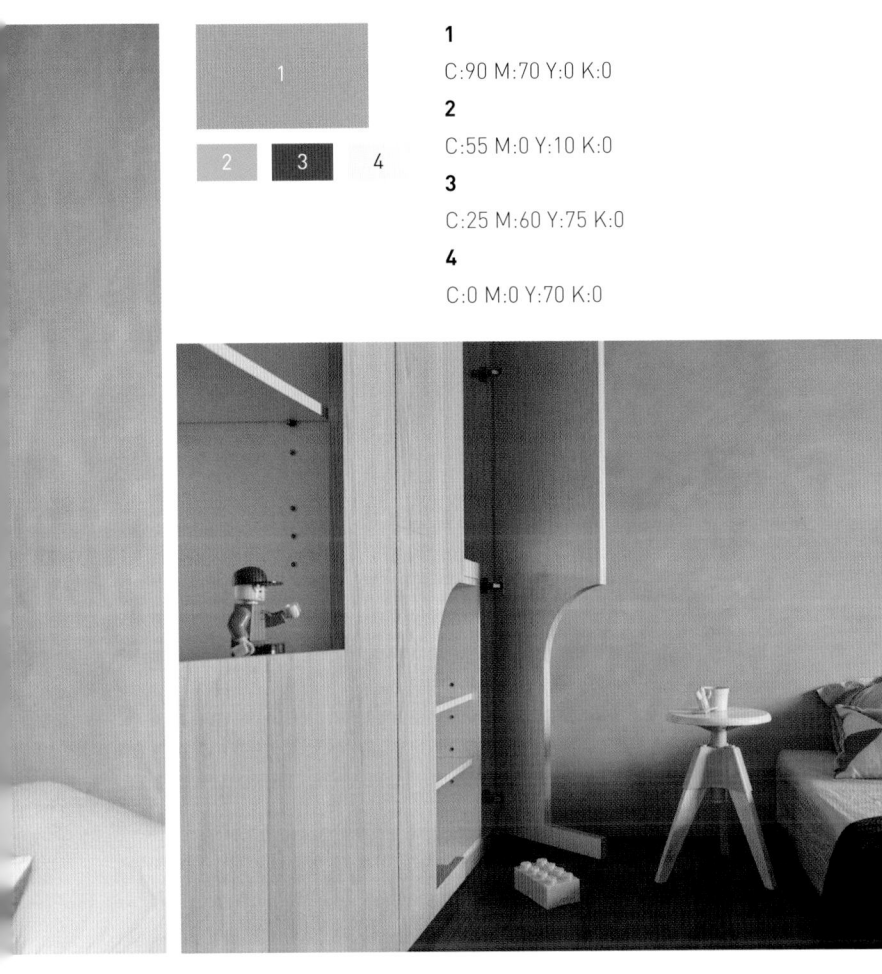

小孩房

至于小孩房，有别于一般家长会满足小女孩的粉红色，设计师鲜明而中性的蓝、绿、黄色调，运用于房门、柜体，并搭配水泥墙面的灰，打造多彩却令人感到安定的空间，至于衣柜柜面的趣味造型层架，赋予空间令人玩味的视觉变化，整个空间色彩也更加贴近海洋气息的欢乐的主题色调。

除了满足孩子不同阶段的收纳需求之外，也借由对象的摆放，让孩子述说自己的故事。随着她们长大，这个小小城堡，将会长成属于她们的模样，而不难想象，那时 Lucas 与 Kelly 依然会在厨房中岛，于深夜一起忙着张罗红酒与宵夜的美好景象。

用白色和银色
演绎轻松柔和的色彩空间

特里贝克顶楼套房

项目地址：美国，纽约
设计单位：玛丽·布尔戈斯设计公司
设计师：玛丽·布尔戈斯
摄影师：斯科特·莫里斯

这项开放空间设计打造了特里贝克地区城市生活方式，非常适合与亲朋好友相聚以及休闲工作使用。借助柔和的白、银色调与玻璃材质，房间的空间流动十分开放，光线充足，空气流通。蓝色与淡紫色的巧妙使用为空间增添了舒缓的气氛。设计师在项目中整体使用本杰明·摩尔的 Decorators White CC-20 色彩为空间提亮，同时增大空间感。特里贝克中心地带的这间顶楼套房 2,300 平方英尺，按照客户要求而采用自然表达形式，出色的建筑结构完美呈现别致设计。在这些细节中，首先是显眼的落地大窗。涌入室内的充足自然光为家具和装饰提供了完美的表现舞台。

1

C:45 M:14 Y:8 K:0

2

C:60 M:80 Y:0 K:0

3

C:90 M:90 Y:0 K:0

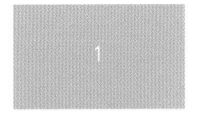

客厅 + 餐厅

设计师在这里打造出一个舒适、有趣且不拘一格的座位区域，组合沙发占据中心位置，充足的空间适合举行亲友聚会活动。银色弧光灯为空间带来建筑维度感，增强了空间的华丽之感。蓝色地毯的柔和色彩与诱人材质呈现出大海般的宁静之感。艺术家斯科特·海尔创作的名为"蓝色动感"的抽象艺术作品作为惊艳的视觉焦点，从房间的各个角度都欣赏得到。被连续的餐厅隐藏起来的办公空间展现了一个不透明玻璃书桌和白色的真皮办公座椅。

白色、银色、蓝色和淡紫色的丝绸与天鹅绒枕头不仅与艺术作品的配色相仿，还能以优雅的方式装饰沙发。玻璃与银色花卉图案边桌以及"卡西迪"海洋贝壳台灯为沙发一侧增加具有吸引力的装饰。

玻璃桌、简约白色真皮座椅和一个水平的水晶吊灯是空间中的亮点。

平面图

1. 厨房
2. 卫生间
3. 卧室
4. 起居室
5. 门厅

1	3
C:15 M:18 Y:22 K:0	C:25 M:60 Y:75 K:0
2	**4**
C:70 M:70 Y:70 K:30	C:80 M:30 Y:30 K:0

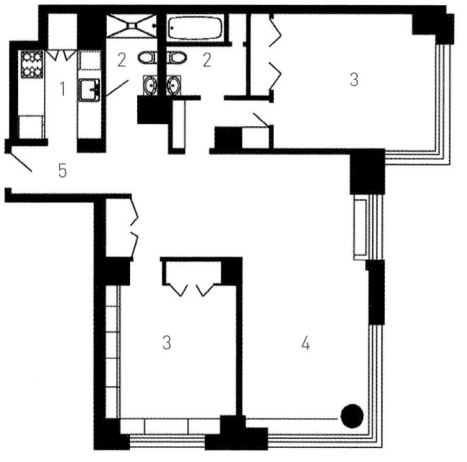

门厅

约翰·理查德的现代雕塑"卵形物"在门厅进行展示，棕色、奶油色斑马地毯和毗湿奴镜子营造不拘一格的感觉。靠近走廊的右手边墙壁上是杰拉尔·雷普利创作的名为"声音反射"的精美艺术品，这件艺术品也出现在左手一侧墙壁上一对狭长的无界镜子中。

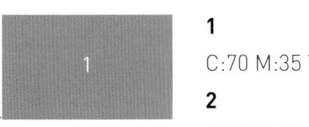

1

C:70 M:35 Y:0 K:0

2

C:90 M:90 Y:0 K:0

3

C:33 M:0 Y:20 K:0

主卧

鲜明的蓝色点亮了主卧墙壁，也为丹·克里斯滕森浮夸的艺术作品提供背景。软座长椅、枕头和坐垫上的蓝色点缀使得房间色彩更为协调。

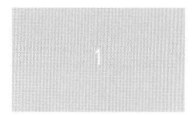

1
C:15 M:18 Y:22 K:0
2
C:55 M:0 Y:10 K:0
3
C:70 M:70 Y:70 K:30

主卧浴室

高高的浴缸，茶色瓷砖，柚木长椅和名为"在运动中前行"的艺术作品那使人平静的
蓝色……都增加了这间主卧浴室的放松气氛。

青少年卧室

这间青少年卧室采用淡紫色、本杰明·摩尔淡紫色、奶油色、本杰明·摩尔海洋贝壳色打造出温暖且异想天开的主题，条纹墙壁与床上用品搭配。

1

2   3

C:0 M:0 Y:30 K:0

C:50 M:70 Y:0 K:0

C:25 M:60 Y:75 K:0

第二章

活力动感

明快的色彩是现代室内设计的潮流，能赋予家居空间丰富的色调。明快的室内装饰看起来独特又充满活力，能凸显室内设计的风格，赋予室内装饰以个性。

如果你想装饰一间充满生机的公寓，使用明快的色彩作为装饰能营造出完美的小空间，带来丰富的感官体验。以下是一系列室内装饰配色方案，运用明快的色彩，体现了积极乐观的生活态度，这些明快的色彩也为生活注入活力。生机勃勃的亮色与中性色搭配产生充满艺术感的对比效果，营造出宜居的生活空间。

配色

单色室内设计包括一种基础色以及这种颜色的不同深浅的色调，从浅淡到饱和。主色可以搭配相似色使用，即色环上位于主色两边的颜色，能够让室内设计和装饰更显和谐。

使用灰色和白色能让家居空间显得放松又清新。黑色可以跟任何颜色搭配，能营造出深邃、高雅的现代家居环境。

如果想让你选用的颜色看起来更明快，可以使用互补色，就是色环上与之正对的那个颜色。可以使用一种主色和两种配色，让室内设计更丰富，这三种颜色应该在色环上处在一个三角形的位置。室内配色如果使用色环上形成90度直角四边形的四种颜色，那会令现代的室内空间更加明亮、有趣。

色彩明快的室内家具能跟墙壁平和的背景色形成大胆的对照。冷色的家具看起来更远，而明艳的暖色能在视觉效果上让家具或装饰元素显得离你更近。

为墙面和装饰设计选择适当的色彩能从视觉上扩大空间，平衡空间比例，营造积极向上的、愉悦的环境氛围。鲜艳的色彩能让现代室内空间设计和装饰更有表现力。即使只是在墙上使用一点小小的亮色，都能让你的室内设计发生戏剧性的改变，让室内装饰更有趣味性。

浅色空间，尤其是白色空间中的天花板，搭配低矮的家具，能让室内空间显得更宽敞、通透。深色的色彩在水平面上看起来更好，能为现代室内空间增添活力，通过醒目的对比丰富空间的装饰设计。

明快的室内色彩能增加装饰亮点，营造室内空间设计的焦点，调节各个空间的平衡，或者界定不同的功能区。使用丰富、明快的色彩来分隔起居室和餐厅/厨房，是现代室内设计的一种潮流，既能跟室内设计的配色方案协调，又能为室内营造愉悦的视觉效果。

只是简单的加个枕头、使用一件艺术品或者色彩明艳的沙发罩，就能让室内空间的效果发生巨大变化。原本单调无趣的空间仿佛瞬间就注入了色彩的活力。乏味的门厅变得诱人；喧嚣的空间变得沉静；卧室，只是使用或者增加一种不同的色彩，就能变得浪漫起来。

每种色彩都能通过气氛的营造对我们产生至关重要的影响。因此，色彩不仅是一种视觉体验，也是一种情绪体验。色彩是我们的设计工具箱中最重要的工具。我们如何使用和理解色彩可能意味着我们不同的状态：是健康还是生病？高兴还是悲伤？甚至会影响到我们应对外界的方式。

下面是三个简单的配色设计建议，能帮你营造想要的空间效果。

1. 选择与空间功能相协调的色彩。这会对你的情绪起到积极的作用。

2. 小心使用过于明艳的色彩，因为这样的色彩会过度吸引注意力。搭配使用柔和的色彩，以达到色调的平衡。

3. 使用黑色或白色作为边缘色，营造一种安全感。黑白色是界定空间的有效手段。

应用这三条基本配色建议，你就能营造一种更适合空间功能、让人感觉更舒适的氛围。最初可能需要进行一些试验，但最终当你发现色彩是如何改变你的想法、塑造你的环境，你会觉得这是值得的。

好的设计能反映你的个性和品位。不论你的风格是大胆、平衡还是精致，使用完美的配色方案，你都能放心大胆的设计，在家居环境中实现你的设想。

大胆配色

大胆的色彩搭配中性色使用，你就能轻松营造出极具视觉冲击的空间。秘诀就是改变大胆色彩的亮度，然后使用一种或明或暗的中性色，打破相似色调的沉闷。

我们使用的色彩：

牛仔蓝

惊艳红

鹦鹉绿

平衡配色

平衡始于中性基础色，在此之上，使用亮色营造焦点。所有房间都遵循这条法则。关键是要心怀整体效果。相互连接的空间要视为一个整体，而不是分离的小空间。

我们使用的色彩：

午后黄

平衡褐

植物绿

大胆配色
大胆即美

平衡配色
一切归于平衡

精致配色
深邃而精致

精致配色

用相似色调和饱和度相近的颜色营造柔和的效果。作为万能的通用配色，这样的配色深邃而抚慰人心。再加上亮色的装饰品作为点缀，可以随你的心情而改变。

我们使用的色彩：

泳池蓝

潮汐蓝

醒目蓝

以『城市色彩』塑造室内空间的个性

纬度 40 公寓

项目地址：保加利亚，索菲亚
项目面积：194 平方米
设计单位：Momi 设计工作室
设计师：安东尼娅·萨兰内德切娃
绘画师：卡利娜·托涅瓦
摄影师：雅娜·布拉耶娃

这间公寓的风格来自曼哈顿——一个充满能量、个性张扬且风格各异的地方！设计师为项目取了一个不同寻常的名字，"纬度 40"，以体现纽约曼哈顿在地球上的地理位置。项目中的配色灵感来自第五大道上数以百计的黄色出租车，灰色的城市烟雾以及摩天大楼的惊人视野。

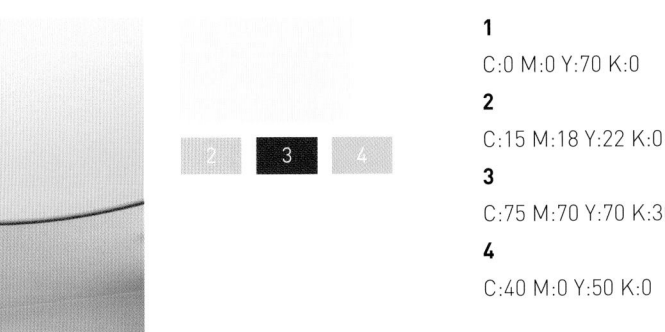

1
C:0 M:0 Y:70 K:0
2
C:15 M:18 Y:22 K:0
3
C:75 M:70 Y:70 K:30
4
C:40 M:0 Y:50 K:0

客厅

客厅里采用的是象征曼哈顿的"色彩",灰色的烟雾和黄色的灵活性以及绿色之灵感。墙壁上的构图象征"鸟瞰"中的摩天大楼,使用了很多夜间照明标志、窗户和黄色灯光。对应夜幕下灯光的是城市白天那数以百计的灰色阴影——建筑、街道、沥青和天空,设计师通过家具、织物和墙壁体现这些元素。绿色的装饰似乎取材于中央公园,在单调的城市背景上增添清新之感和"一丝氧气"。

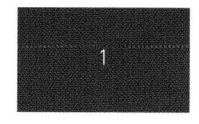

1

C:75 M:70 Y:70 K:30

2

C:15 M:18 Y:22 K:0

3

C:40 M:0 Y:50 K:0

走廊

长长的走廊一直通往公寓入口，公寓的二层象征著名的布鲁克林大桥。黑色象征发展的工业和布鲁克林桥。另外一处提及布鲁克林桥的地方是屋顶瓷砖上的涂鸦。

一层平面图

1. 起居室　　6. 过道
2. 过渡区　　7. 卧室
3. 餐厅　　　8. 清洁区
4. 厨房　　　9. 楼梯
5. 卫生间　　10. 平台

二层平面图

1. 楼梯
2. 过渡区
3. 卫生间
4. 卧室

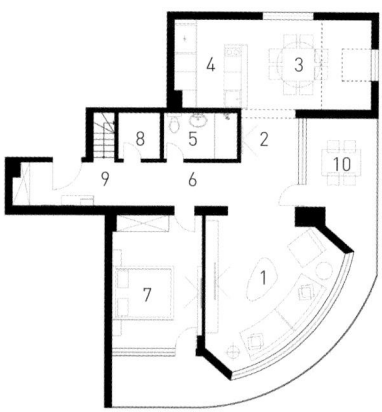

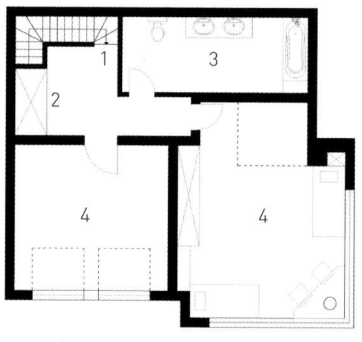

1
C:15 M:18 Y:22 K:0
2
C:0 M:45 Y:95 K:0
3
C:75 M:70 Y:70 K:30

餐厅和厨房

过渡空间将厨房、餐厅与客厅分隔，继续向内便是宽敞的阳台。

1
C:75 M:70 Y:70 K:30
2
C:0 M:45 Y:95 K:0
3
C:0 M:0 Y:70 K:0

主卧室

主卧室是公寓整体概念的一部分！设计创意来自一张黄色满月下的曼哈顿照片。嵌入床头板的照明设计可做阅读灯使用，可调的灯光亮度打造出舒适的夜间氛围。

活力动感

1
C:75 M:70 Y:70 K:30
2
C:15 M:18 Y:22 K:0
3
C:30 M:45 Y:50 K:0

儿童房

家中的孩子们（十几岁的男孩）希望能在房间里看到城市全景，房间明亮、宽敞，有好几扇窗户。衣柜的柜门上是卡利娜·托涅瓦绘制的全景图，作为特别装饰。

营造空间和谐而生动的基调

红、橙、黄三色的变化

莱卡特北方大道 46 号

项目地址：澳大利亚，悉尼
设计单位：罗尔夫·奥克尔特设计公司
设计师：罗尔夫·奥克尔特
摄影师：罗尔夫·奥克尔特设计公司

和谐是本案的核心设计理念。在项目的视觉体验中，和谐感会令人赏心悦目。它吸引观看者参与进来，创造出内在秩序感以及视觉体验中的平衡感。如果某些事物显得不和谐，它要么无趣，要么混乱。色彩和谐传递出视觉趣味和秩序感。

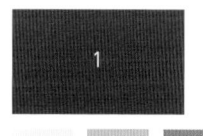

客厅

红色和黄色都属于原色，橙色位于两者之间，也就是说暖色是由几个暖色组成的 ，而不是由一个冷色与一个暖色混合得到的。暖色体现激情、快乐、热情和能量。

设计师在客厅设计中使用了红色、橙色、黄色以及在这三种颜色基础上产生的变化色。这些暖色是火、秋叶、落日和日出的颜色，代表能量、热情和积极。

1
C:0 M:90 Y:90 K:0
2
C:0 M:0 Y:70 K:0
3
C:0 M:30 Y:60 K:0
4
C:70 M:35 Y:0 K:0

活力动感

一层平面图

1. 客厅
2. 餐厅
3. 厨房
4. 卫生间

二层平面图

1. 卧室
2. 卫生间

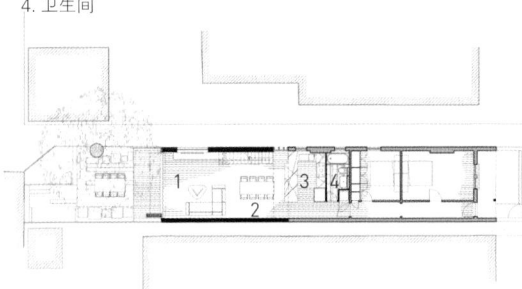

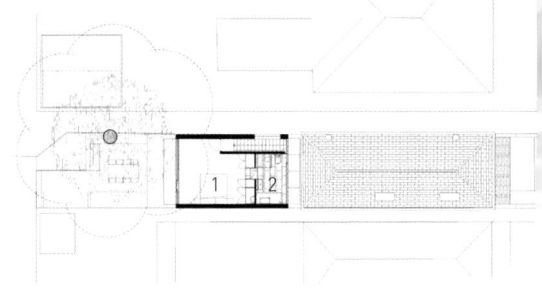

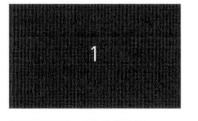

1

C:0 M:90 Y:90 K:0

2

C:0 M:30 Y:60 K:0

3

C:70 M:35 Y:0 K:0

餐厅和厨房

暖色体现激情、快乐、热情和能量。所有这些颜色在较冷背景的衬托下显得更加活力
十足，在白色背景前则看起来有些乏味。

红色与橙色相称，可能看起来缺乏生机，所以设计师选择用蓝绿色与其形成对比，以
求展现活力。

总之，绝对统一的效果缺乏冲击力，而极端复杂则会导致过于刺激。和谐才是理想的
动态平衡状态。

卧室

花卉图案代表新鲜和活力。除了白色背景的印花图案，单色和彩色图案都很受欢迎。
所以挑选花卉图案的毯子和床上用品时可以大胆一些。其中的秘诀就是不要使用过量
的花卉图案，要与重点配色以及其他图案搭配使用。

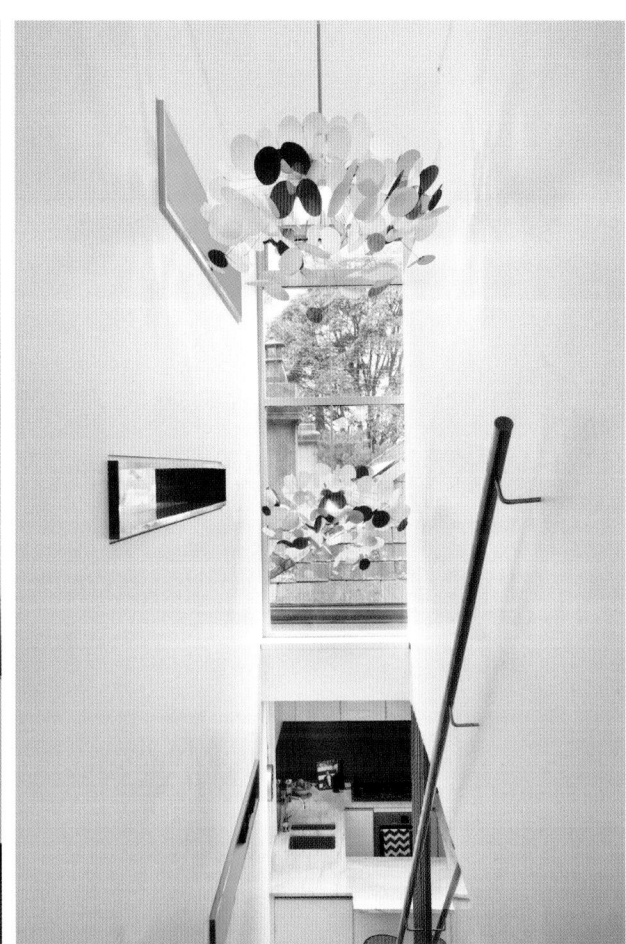

1
C:25 M:60 Y:75 K:0
2
C:0 M:90 Y:90 K:0
3
C:70 M:35 Y:0 K:0

活力动感

三原色强化了工业风的活力色彩

撞击空间

项目地址：中国，台湾
设计单位：方构制作设计工作室
摄影师：方构制作设计工作室

这间位于台北的 Loft，采用工业化装修风格搭配红黄蓝三种活力色彩。宽大的玻璃窗以及水泥钢筋等元素显现了工业印记，同时选择了 Pantone 流行色调来点缀，设计师将新潮和时尚完美地融合在这间老住宅里，活力十足。

1
C:30 M:30 Y:30 K:0
2
C:0 M:80 Y:100 K:0
3
C:0 M:0 Y:70 K:0

工作室和客厅

设计师较为注重材质的搭配，温润的木质，搭配合适的软装，提升了空间的质感。

拉门活动式工作室也是休息室，以米黄色地板为主，金属质感的书架用各种各样的书籍色彩来点缀，活跃了气氛。

设计师将阅读区和客厅设置在了同一空间，英国米子旗和工业化的红色落地灯相呼应，并成为这片角落的亮点。客厅红色和灰色的棉布沙发搭配木箱造型的茶几，让充满工业风的空间增添了色彩和活力，也重新塑造了空间的立体感。

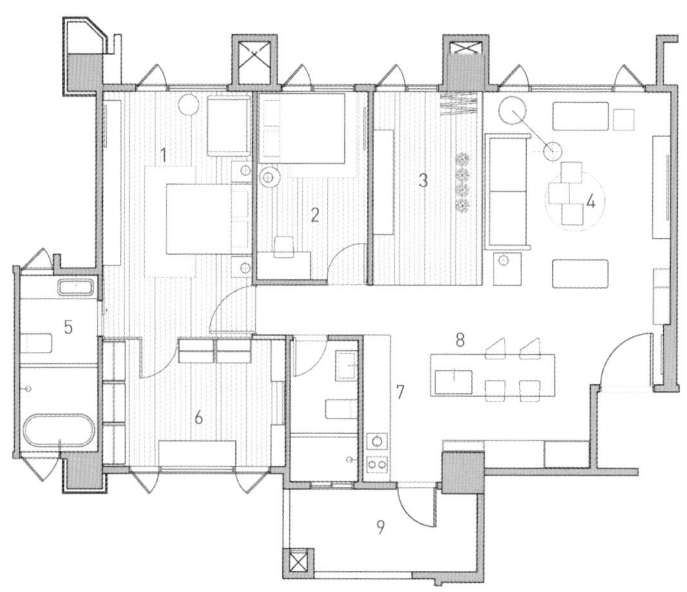

平面图

1. 主卧
2. 儿童卧室
3. 书房
4. 起居室
5. 卫生间
6. 步入式衣橱
7. 厨房
8. 餐厅
9. 阳台

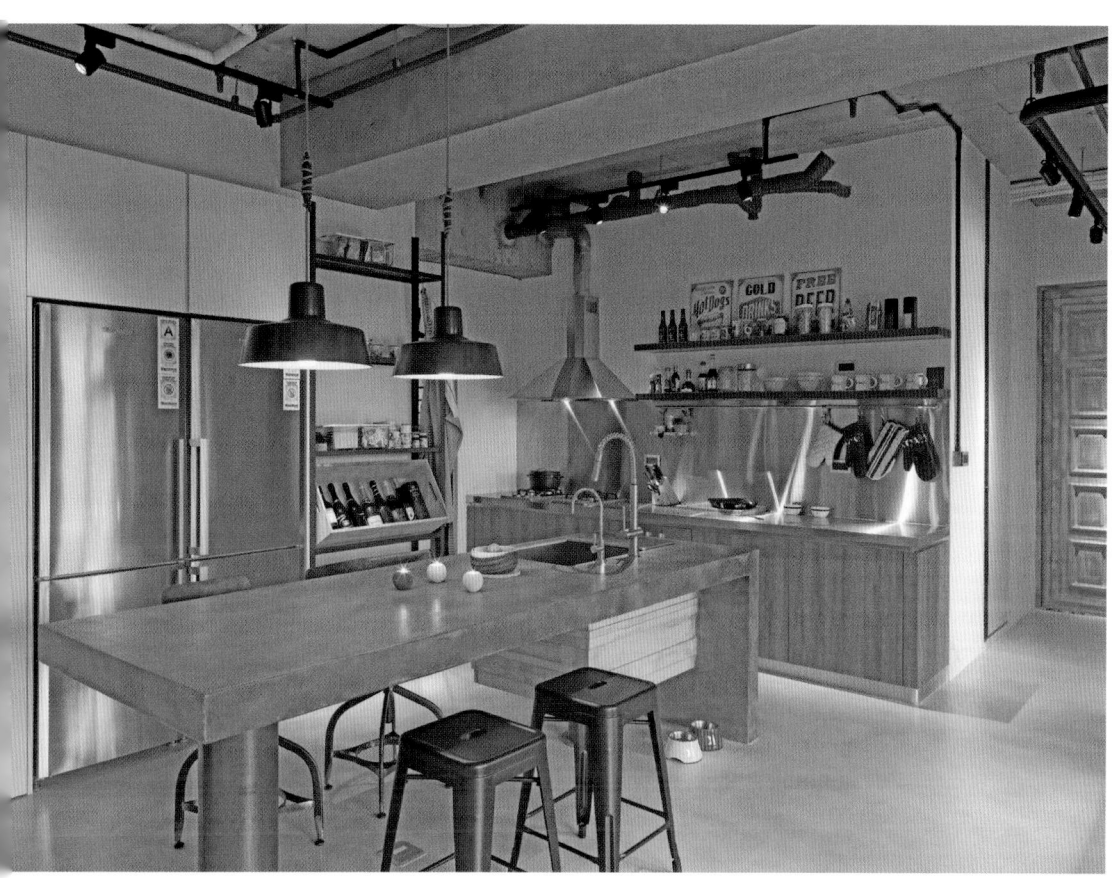

1
C:30 M:30 Y:30 K:0
2
C:0 M:0 Y:70 K:0
3
C:0 M:80 Y:100 K:0
4
C:100 M:0 Y:40 K:40

厨房和餐厅

从裸露的料理台进入厨房区域，亮红色的料理架让整个厨房工作变得有趣，充满活力。

开放式的厨房和餐厅延续了客厅的风格，柠檬黄和暖红色让整个室内光彩熠熠，餐厅和厨房内的吊灯设计充满未来感，凸显时尚格调。金属元素和木质家具搭配相互映衬，融为一体。

活力动感

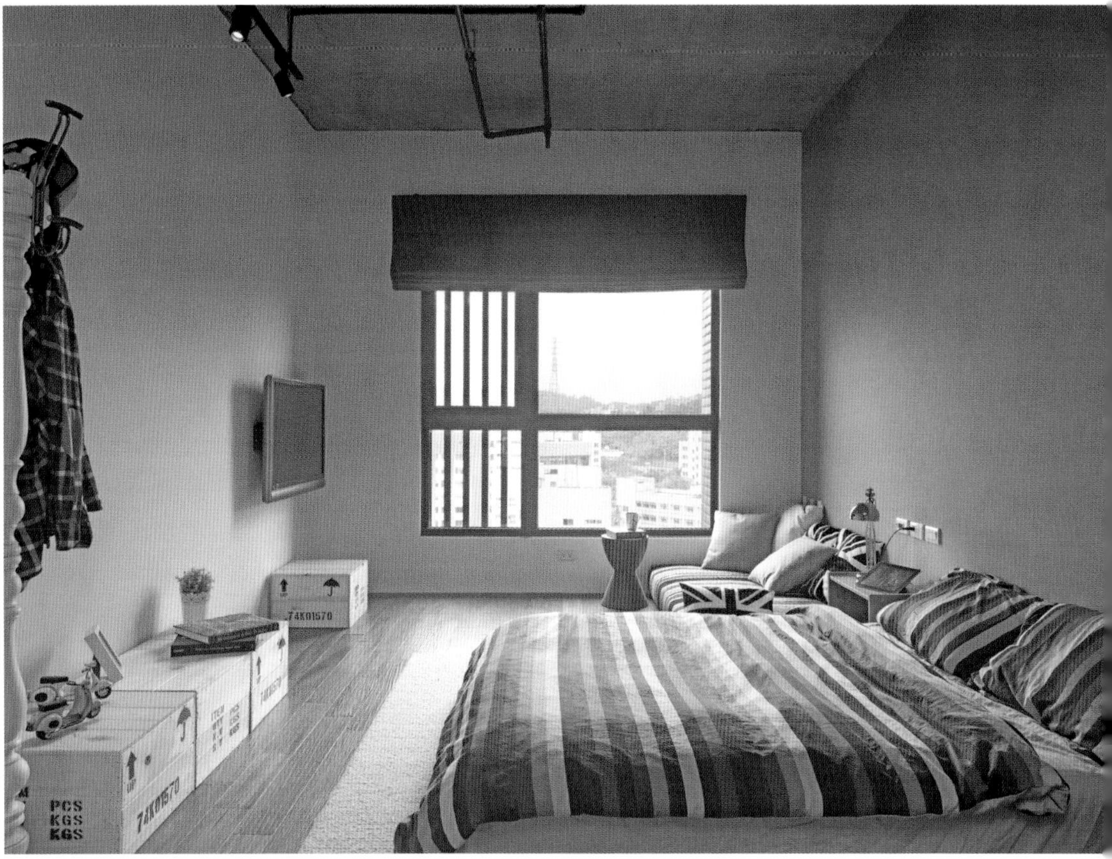

1

2 3

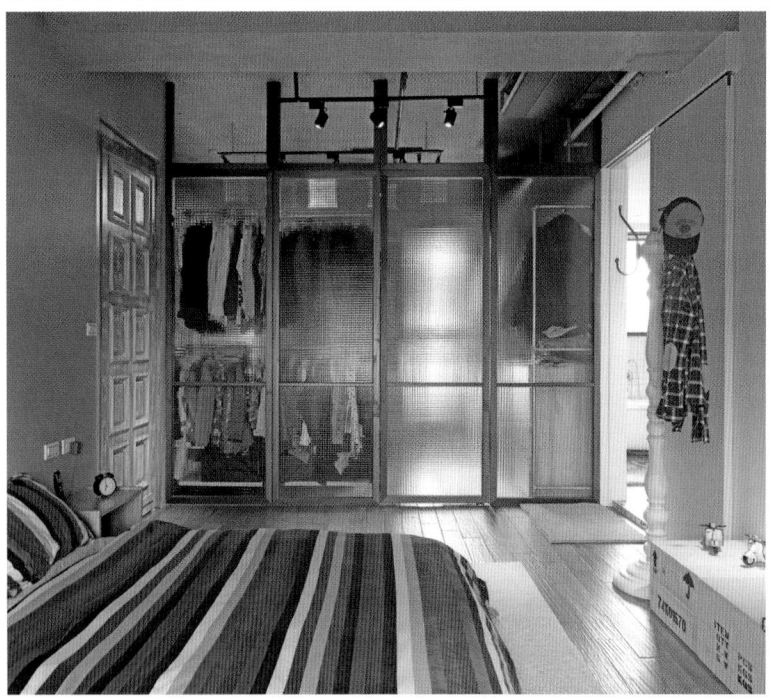

1

C:45 M:14 Y:8 K:0

2

C:50 M:70 Y:0 K:0

3

C:0 M:80 Y:100 K:0

1

1
C:15 M:18 Y:22 K:0
2
C:0 M:0 Y:70 K:0
3
C:45 M:14 Y:8 K:0
4
C:0 M:80 Y:100 K:0

卧室和浴室

无论是主卧还是客卧，大量的红黄蓝色彩使空间明亮通透。主卧室跳跃性的海蓝色墙壁和蓝紫色系条纹床品呈现在我们眼前，充满活力。

浴室用白色为底，同时结合了艺术美感十足的地砖进行搭配，扩大了整体空间。

三原色的相互作用将后现代的风韵引入室内

绿地 海珀·风华别墅

项目地址：中国，上海
项目面积：420 平方米
设计单位：大观设计
设计师：连自成
摄影师：大观设计
主要材料：烤漆、第凡内石材、灰镜、胡桃木、茶镜

在本案的室内设计中，设计师将现代与古典相融合的后现代风定为设计的核心，并以此来贴合都市的生活节奏。在不同区域里的色彩关系，会带给居住者情绪的不同影响，从色彩心理的分析出发试着在别墅中注入时间的概念，装饰的造型是现代精神的表达，用现在的设计角度置入 20 世纪 60 年代精华和思潮，从而传递出岁月的痕迹和人文的精神。在黄色、红色和蓝色三原色互相作用的过程中，共同诠释出不同的空间效果。

客厅和楼梯

客厅的设计即体现了后现代的精髓，也恰到好处的承接了建筑的风韵，通体的落地窗增加了空间的通透感；入口玄关、电梯以及楼梯的动线搭配，也在一定程度上为空间注入了些许灵动的性格。在这里，艺术、生活、精致都是设计师坚持的核心。

宁静是解除痛苦和恐惧真正伟大的良药，无论奢华还是简陋，设计师的职责就是使宁静成为家中的常客。在色彩选择上，白色的背景和铺垫成就了空间的包容性，入住者皆可在这样的纯粹的空间中发挥各自的个性，同时在细节上体现古典的特性，圆窗、弧形门拱、线角的层次关系均表示了对古典美学的礼赞。

1

C:15 M:18 Y:22 K:0

2

C:0 M:30 Y:85 K:0

3

C:70 M:70 Y:70 K:30

如果说蜿蜒的楼梯是整个别墅设计的灵魂，那么贯穿于其中的水晶灯无疑是这灵魂中最具气质的存在。正如日本的插花术，我们欣赏的不仅仅是花，还有花与花之间的空档。六万多颗水晶凌驾于空中，那璀璨的线条、马蹄莲般的优雅以及渐变色彩的唯美，都将清灵贵气诠释得淋漓尽致。

二层平面图

1. 主卫
2. 更衣室
3. 主卧
4. 书房
5. 密室
6. 楼梯间
7. 次卫二
8. 次卧二
9. 次卫一
10. 次卧一

1

C:15 M:18 Y:22 K:0

2

C:0 M:30 Y:85 K:0

3

C:70 M:70 Y:70 K:30

一层平面图

1. 厨房
2. 楼梯间
3. 起居室
4. 客卧
5. 餐厅
6. 客厅
7. 父母卫
8. 父母房

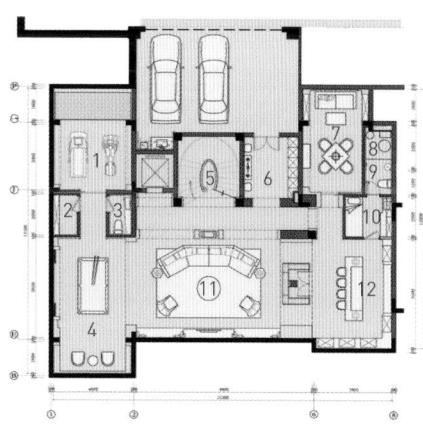

地下一层平面图

1. 健身房
2. 储藏室
3. 客卫
4. 台球室
5. 楼梯间
6. 玄关
7. 棋牌室
8. 设备间
9. 保姆卫
10. 保姆房
11. 会客厅
12. 吧台区

餐厅

设计师连自成去年曾去意大利旅游，锡耶纳给他留下了极为深刻的印象。锡耶纳在意大利绘画语言中代表赭黄色，是温暖和浪漫也是丰收的象征。他将这种情怀带进了餐厅的设计中，开阔的视野、敞亮的窗户、随处可见的花园景致、甚至傍晚时分投射进来的阳光，还有餐桌的赭黄色装点出独有的元气与活力，这一切都将这种温暖的情绪极致放大。而这种贴近居住者需求的设计，也正是设计师一直的追求所在。

地下室

热烈的红、明快的黄、清新的蓝，是大自然中最为基础的三原色，也是最耀眼的三种色彩。
它们以不同比例搭配组合，便能够诞生出其他缤纷的颜色，让世界变得绚烂无比。

与客餐厅的包容性不同，地下室的设计相对重视隐私，因为这是主人的私人空间，如
何在这里营造一种自由自在，成了设计师的考虑重点。地下室是五米的挑空设计，也
是主人休闲娱乐的空间，社交和艺术是这里的主题，结合主题 20 世纪 70 年代复古风格
考虑，蒙特里安的画作给了一定的启发，与台球的颜色所吻合，于是设计师将台球作
为元素，创作了立体的蒙特里安画作，而周围的沙发等物品也都是呼应怀旧的风格。

1
C:15 M:18 Y:22 K:0
2
C:70 M:35 Y:0 K:0
3
C:0 M:30 Y:85 K:0
4
C:0 M:90 Y:65 K:0

活力动感

1

C:15 M:18 Y:22 K:0

2

C:70 M:70 Y:70 K:30

3

C:0 M:30 Y:85 K:0

4

C:0 M:90 Y:65 K:0

其他空间

粉红色的几何装饰条纹、一袭柔美的米白色窗帘、一件件纯美绚烂的饰物，绿、红、蓝、黄……用最热情四射的颜色，点亮一室明艳春光；高明度与高纯度交融让明媚春光开满一室，清新与无休止的缠绵之间，吟唱属于活力的歌谣。

活力动感

富于感情的黄色系，充满着正能量

七分熟的春天

项目地址：中国，济宁
项目面积：105 平方米
设计单位：成象空间设计
设计师：岳蒙
摄影师：成象空间设计

在本案中，黄色系的家居软装搭配，散发着水果的甜润，是富有感情的，会给人的心灵带来温暖、阳光、乐观、愉悦的感觉。

黄色的波长适中，是所有色相中最能发光的颜色，给人轻快，透明，辉煌，充满希望和活力的色彩印象。黄色系一向被认为是源于自然的颜色，它传达了希望与乐观的意象，代表着积极、充满能量的正面意义。从性格上分析，选择黄色家居软装的人通常个性积极、喜爱冒险，乐观、爽朗、喜欢结交朋友，是达观、乐天的社交型人物。他们喜欢休闲、自在、随意、简洁的居家环境。

	1	3
	C:0 M:25 Y:65 K:0	C:70 M:70 Y:70 K:30
	2	
	C:35 M:0 Y:20 K:0	

客厅

白色简约的客厅空间内装点上亮眼的黄色，提亮了整个空间的氛围，让人精神也随之振奋，乳白色的沙发柔软舒适，就像是烤的蛋糕一样，一坐下去就不想离开。软包的抱枕材质很特别，颜色和沙发搭配在一起，还能扩宽空间。皮面的黄色茶几和沙发边桌上的黑色台灯，一个平面，一个立体，与沙发的布面又形成一种对比，很有看点。

灰色地毯是点睛之笔，整体的空间氛围是白色、黄色为主，偶尔点缀一些暗色系，是空间内最大的色彩点缀。墙上圆形的装饰物极富创意，也不会影响空间的视觉感。

亮黄色的墙面绝对是客厅设计的重点，鲜艳的色彩为墙面提供后退的视觉体验，以扩大客厅的整体视觉。

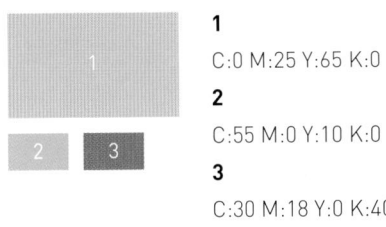

1
C:0 M:25 Y:65 K:0

2
C:55 M:0 Y:10 K:0

3
C:30 M:18 Y:0 K:40

平面图

1. 厨房
2. 客卫
3. 主卫
4. 衣帽间
5. 主卧室
6. 客卧室
7. 小孩房
8. 品茶区
9. 厨房
10. 餐厅
11. 客厅
12. 庭院

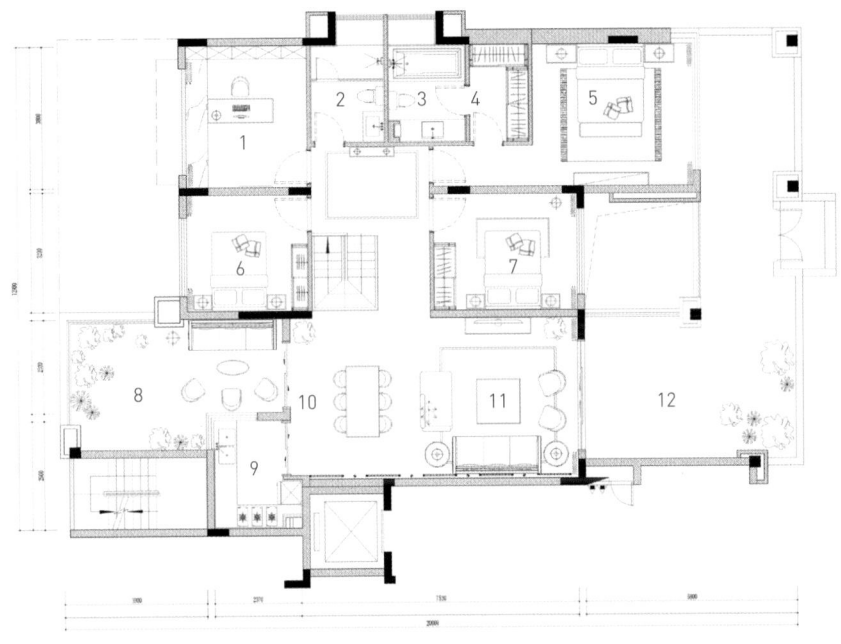

餐厅

餐厅圆形的餐桌，适合家庭聚会时使用。墙壁上橘色为主色调的大幅壁画与餐桌亮黄色的插花和墙体形成一种层次感。落地窗能引入大量的光线，搭配飘逸的窗帘则形成若隐若现的光感，为餐厅造势，让用餐变得欢快而有趣，恍若一场和阳光之间的捉迷藏。

1

C:0 M:9 Y:9 K:0

2

C:55 M:60 Y:70 K:0

3

C:25 M:60 Y:75 K:0

4

C:0 M:80 Y:100 K:0

卧室

床头板的纱帘造型就恍如一片飘落在金秋时节的小小枫叶，对面墙上的装饰画都带着这一分收获的金黄，照亮了平凡而简单的卧室空间。头顶温暖灯光将屋里的寒冷一扫而空。

1

C:0 M:9 Y:9 K:0

2

C:0 M:68 Y:55 K:0

3

C:35 M:0 Y:20 K:0

儿童房

明亮色彩装点快乐儿童房，儿童房的软装设计总是要活泼、有趣一些，才能让孩子们有这个空间是专属于自己的安全感。这个儿童房以白色搭配水粉色，墙体为水粉色搭配菱格型图案，而家具则以白色为选择重点，为了两者的统一协调性，同时点缀红色，整个空间非常的活泼。舍去了一般的床铺设计，而是用了嵌入式地台的形式，给空间一点不一样的特别创意，更能获得孩子们的好感。

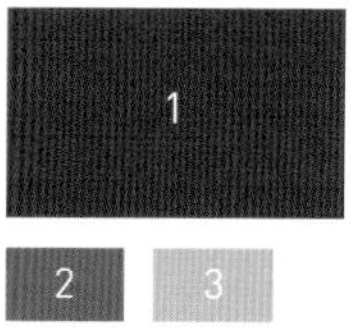

1
C:0 M:90 Y:90 K:10

2
C:55 M:60 Y:70 K:0

3
C:10 M:30 Y:45 K:0

琴房

琴房内是以红色墙面为主，带一种淡淡的温度，与白色的家具和棕色格子纹样的沙发相互搭配，不张扬，很淡然，大窗户透进来的阳光可以为其增加不少温馨感；而琴房外的墙面则取用了稍深一些的黄，与琴房形成一种颜色渐变的自然感和空间的层次性。

波西米亚风情

温暖的姜黄打造出迷人的

联合广场西

项目地址：美国，旧金山
设计单位：阿迪尼设计集团
设计师：克劳迪娅·于斯特尔
摄影师：阿迪尼设计集团

这一室内空间的色彩搭配非常的大胆出彩，姜黄跟木色做底，柠檬黄、草绿、金色等色彩作为映衬，奠定了室内明媚的基调。同时，略显陈旧味道的家具和装饰品以及色彩与材质厚重的窗帘等，让整个家居空间呈现出独到的波西米亚的自由与随性。

1
C:0 M:8 Y:20 K:0
2
C:0 M:30 Y:60 K:0
3
C:35 M:20 Y:80 K:0
4
C:70 M:70 Y:70 K:30

客厅

客厅的面积非常宽敞，以棉麻的地毯和原木色沙发，铺陈出自然写意的格调，中间再用一点亮橘色渲染。真正的神来之笔则要数草绿色的靠垫了，在满室原木里，格外出挑，很清雅的配色；除却色调，造型设计上也费了不少心思。很多室内布置，摒弃了繁复的家具堆砌，转向简单却有质感的单品聚集，这样的房间简单利落，品质不俗，更加耐人寻味。

平面图

1. 卧室
2. 餐厅
3. 办公区
4. 客厅
5. 卫生间
6. 衣帽间

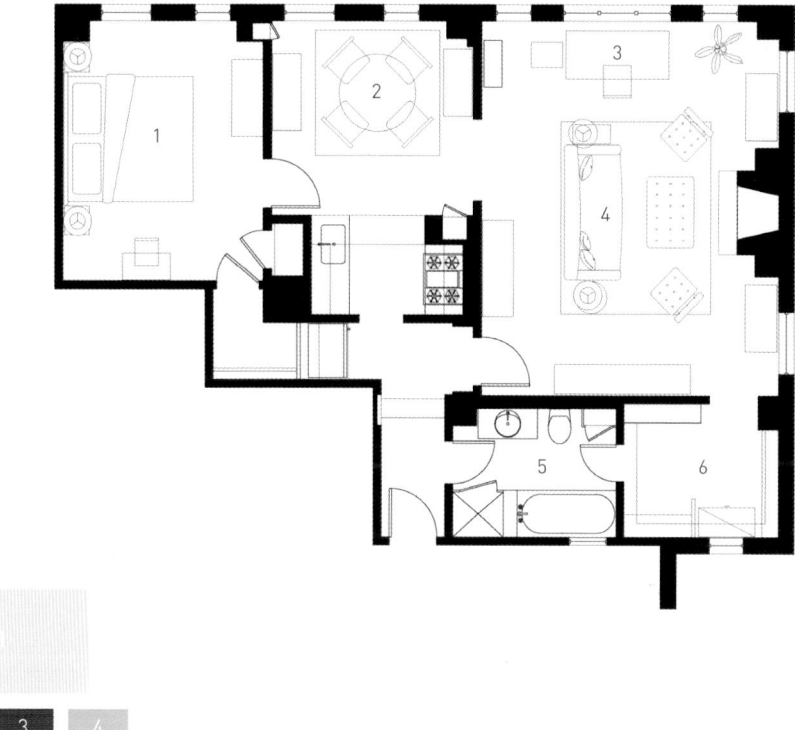

1
C:0 M:8 Y:20 K:0

3
C:70 M:70 Y:70 K:30

2
C:0 M:30 Y:60 K:0

4
C:55 M:0 Y:10 K:0

客厅的工作间

客厅的角落处摆放着一个小巧的深木色收纳柜，但整个空间最为吸引人的，是那深木色的座椅，其造型独特古朴。古朴的质感搭配现代工业感的玻璃书桌，要文艺有文艺，要现代有现代，在其他小物件上，比如花瓶，或者台灯，都在不经意间，用蓝色或金色来映衬，使空间更为明亮耀眼。

1
C:0 M:8 Y:20 K:0

2
C:0 M:30 Y:85 K:0

3
C:35 M:20 Y:80 K:0

4
C:0 M:68 Y:55 K:0

餐区

漂亮的草绿色装饰画，明媚的直指人心。如果，整个餐区只有这一抹亮丽的草绿色，也不如最后这般配色来的丰富耐看。餐边柜，外围也是深棕色，柜门用了不同亮度的暖色系花团做个简单的装饰，勾勒出属于这一空间的饱满观感。

1
C:10 M:5 Y:50 K:0
2
C:55 M:0 Y:10 K:0
3
C:25 M:60 Y:75 K:0
4
C:45 M:0 Y:55 K:0

卧室

柠檬黄色是卧室主色调，不仅出现在墙面上，床品边围也有少量点缀，奠定了室内温暖舒适的氛围。枯木色的家具，跟黄色在视觉上都给以秋天的观感，温柔不冷冽。在一片大温暖的背景里，出现了一抹冷色调的薄荷色，刷新了空间色彩层次，勾勒出更为丰盈饱满的视觉观感。

虽然色彩丰富，却因为不少的枯木色堆积，让卧室偏向沉郁。床头背景墙用了姜黄、薄荷绿色、薄荷蓝色，做了简单装饰。多种颜色的线条穿梭，打破了空间沉寂。窗帘选用了草绿色和金棕色的搭配，特殊的材质在整体卧室里格外跳跃。

民族系的空间打造，要归功于那色彩缤纷的波普花纹床品。多彩的织布覆盖了整个床体，丰厚的靠背给予了主人最为舒适的体感。

第三章

低调奢华

很多人理解低调奢华为深色、暗色就是低调，这是一种误区，深色是低调奢华的重要表现手法之一，但不绝对，有时色彩上的高调，比如亮色，用它们来搭配造型简洁的装饰物也是低调奢华的一种重要手法。

低调奢华的几种常用色彩：

1. 奶咖

奶咖作为一种极为中性的颜色非常适合低调奢华的表现，比如茶色镜、咖啡色地板、奶咖色墙面漆等。

2. 紫灰

紫色作为一种非常具有妖娆贵族气质的色彩具有强烈的华丽感，但通常紫色所呈现的柔媚和妖娆是低调奢华所不能容忍的，因此添加了灰色以后的紫灰色通常被低调奢华广泛应用，主要表现于壁纸、窗帘、沙发面料等。

3. 驼色

作为一种中性色，是咖啡色的一种变化，具有温馨厚重大气的感觉，符合低调奢华的精神。

4. 黑色及炭灰色

黑色即没有色彩，黑色必须赋予在具有反光的材质上才能体现出独有的华丽感，比如，黑玻璃、黑丝绒、黑皮革等。当觉得黑色视觉冲击力过强时，接近黑的炭灰色也是非常洋气及不错的选择。

5. 象牙白

象牙白是一种高调的色彩，以其独特的奶油特质的色彩感赋予低调奢华新的定义，温暖的象牙色能表现出厚重、优雅的质感。

低调奢华的家具风格：

1. 新古典

新古典家具是典型的低调奢华家具的代表，以深木色来表现厚重大气，样式上采用古典风格简化变形等处理手法，材质上大胆采用玻璃、钢或者织物等具有特色的现代主义材质来强调新古典的既典雅又现代的风格特征。

2. 织物家具

这种家具少出现木材，大多以织物包裹家具主体，通过布料或皮革本身的质感来营造华丽古典的气氛。如，丝绒沙发、皮革方茶几等。

3. 美式家具

美式家具具有浓郁的放松休闲气氛，部分美式家具也具有厚重大气的质感，表现低调奢华时根据具体体现的气氛也可挑选美式家具搭配。

4. 亚洲家具

低调奢华强调家具的精致感，中式传统变形而成的新中式家具以及部分黑色点缀贝壳的东南亚风格家具都是可以用来搭配低调奢华风格。

5. 现代家具

选择现代家具也是能够搭配低调奢华，当然需要硬装的设计前提也是非常简洁的情况下，样式简洁的现代家具同样可以通过皮革或者玻璃等材质来表现低调奢华的风格。

低调奢华的灯具：

低调奢华的灯具风格主要以新古典灯具以及水晶灯为主，灯具在低调奢华风格中的点缀就如同珠宝在一位贵夫人身上的点缀一般。因此，水晶、玻璃等闪亮材质等同于钻石珠宝。除了以上设计元素之外，为客户进行室内装饰设计时，最佳设计理念是打造温暖舒适的环境，最重要的是，要低调宜居。房子再漂亮，如果不能每天愉悦地生活在里面，也是枉然。所以，选择设计元素时，重点应该放在考虑这个空间未来将如何使用；谁会使用这个空间？空间的功能是什么？空间应该给人以怎样的感觉？这些问题的答案决定了空间的整体设计，既要舒适，又要体现委托客户的个性和生活方式。无低调，不奢华。

大胆配色

大胆的色彩搭配中性色使用，你就能轻松营造出极具视觉冲击力的空间。秘诀就是改变大胆色彩的亮度，然后使用一种或明或暗的中性色，打破相似色调的沉闷。

我们使用的色彩：

竹芽绿

洋紫红

三角帽黑

平衡配色

平衡始于中性基础色，在此之上，使用亮色营造焦点。所有房间都遵循这条法则。关键是要心怀整体效果。相互连接的空间要视为一个整体，而不是分离的小空间。

大胆配色
大胆即美

平衡配色
一切归于平衡

精致配色
深邃而精致

我们使用的色彩：

鸽尾灰

浅灰褐

醒目灰

精致配色

用相似色调和饱和度相近的颜色营造柔和的效果。作为万能的通用配色，这样的配色深邃
而抚慰人心。再加上亮色的装饰品作为点缀，可以随你的心情而改变。

我们使用的色彩：

银雾灰

路面灰

常见米黄

灰蓝畅想

用蓝色梦境打破黑白灰的沉静和简约

项目地址：中国，张家港
项目面积：160平方米
设计单位：苏州晓安设计事务所
设计师：沈健
摄影师：杨森

由于该项目楼层层高较低，横向跨度较大，所以在设计的时候，顶面满涂白色乳胶漆，线条造型极简化，地面以浅色系为主，大面积爵士白的石材，搭配水泥砖，既不单调乏味又给人增加了视觉上的高度感。墙面的设计主要以灰、黑、蓝、咖色系为主，没有过多烦琐的造型，多以平板直线条为主，低调奢华、稳重大气。家是一个身心放松和休息的地方，不需要堆砌装饰性很强的元素，简约而不简单，生活的最高境界。

客厅

这套方案主色调为黑、白、灰、咖啡色为主，客厅电视机背景墙采用黑木纹大理石以及左边用了镜面不锈钢，右边用了深咖色皮硬包暗开门储藏柜，增加了实用性。

客厅安排了两张深蓝色简约沙发凳，让整体黑白灰色调中有个亮点，不那么沉闷，顶面全白色吊顶完全突出了客厅的陈设。地面运用了爵士白大理石和浅色水泥砖相拼接，凸显了黑色的沙发茶几，以及顶面采用方形射灯，呈现了现代简约这一风格。餐厅与客厅的衔接处，用了一个镜面反光材质的花瓶，与整体风格相统一，后面的背景用了深色毛石和浅色毛石相拼接，简约而又不简单。黑色烤漆玻璃又增加了空间感。

沙发后面的背景墙用了灰色麻石，以及地面用了爵士白大理石，简单的装饰材料营造出极富现代感的空间。同时选用的黑色圆形简约茶几和黑色的沙发，主色调与整体空间环境和谐统一。电视柜旁边的装饰物、黑色落地灯以及深蓝色透明玻璃器皿搭配同色调的花与客厅的两张深蓝色凳子相呼应，让整体更具有现代特色。

1
C:75 M:70 Y:70 K:30
2
C:70 M:35 Y:0 K:0
3
C:40 M:30 Y:30 K:0

平面图

1. 起居室　　8. 书房
2. 餐厅　　　9. 客卧
3. 厨房　　　10. 主卫
4. 入口　　　11. 衣帽间
5. 储藏室　　12. 主卧
6. 吧台　　　13. 儿童房
7. 客卫

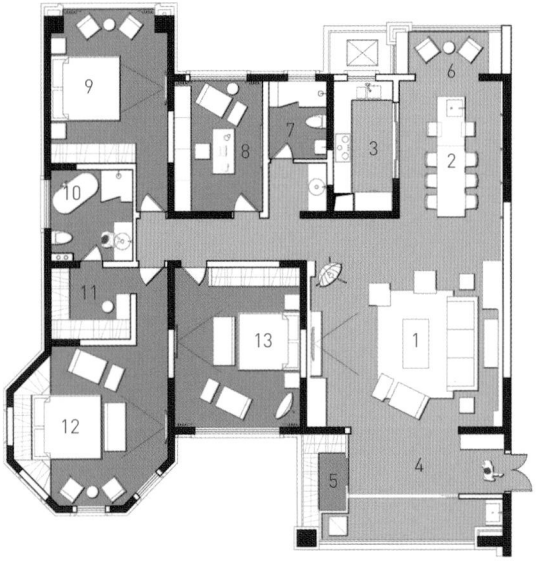

走廊

走廊墙面运用了灰色木纹护墙板，以及走廊尽头也采用了同色调的装饰画，起到了点缀作用，电视机旁边的深色皮硬包暗开门储物柜具有非常大的实用性。
走廊尽头蓝色装饰画融合整体灰蓝的设计，增加走廊趣味性。

餐厅 + 厨房

厨房采用透明式移门以及灰色开放漆护墙。桌子上的摆放物采用颜色较鲜艳的黄色，让整体的感觉不那么死板，又不显得突兀，与四盏灯相呼应。背景选用黑色烤漆玻璃，让餐厅看起来更宽敞一些，餐桌选用的是现代简约餐桌以及与厨房一体定做的吧台，采用灰色石英石板面，上面的不锈钢器皿和四盏造型独特的灯具突出现代的风格。黑色烤漆玻璃与不锈钢材质的反光让此居室整体变得更简约大气，符合现代人审美品位。
厨房设计融合整体，沿用餐厅的主色调，简洁实用。

1

1
C:40 M:30 Y:30 K:0
2
C:0 M:0 Y:0 K:100
3
C:25 M:60 Y:75 K:0
4
C:0 M:30 Y:85 K:0

阳台 + 书房

阳台采用白色钢琴烤漆板推移门，不仅体现了现代简约这一风格，也具有了实用性，不占用空间。阳台推移门合上后，可以遮住阳台晾晒的衣服，美观实用。虽然整体是白色，但是有层次感，简约而不简单，与整体黑白色调相统一。

书房西面采用了镜面不锈钢移门以及中间的墙纸铺贴，让整体空间看上去更大一些，书房东面采用爵士白大理石和蓝色烤漆玻璃装饰画，书房中选用了一张简约风格的书桌，繁中有简。

1
C:40 M:30 Y:30 K:0
2
C:70 M:70 Y:70 K:30
3
C:70 M:35 Y:0 K:0
4
C:15 M:18 Y:22 K:0

1
C:15 M:18 Y:22 K:0

2
C:70 M:70 Y:70 K:30

3
C:40 M:30 Y:30 K:0

客卧

客卧室的床头柜与床采用了咖啡色皮质，旁边放了一张浅色的沙发椅，就连床头柜的
两盏台灯也是现代简约风格。

主卧 + 主卫

主卧床头柜与上面的柜子是深咖色皮硬包，床头柜是定做硬包柜内打光，地毯采用了浅色与深蓝的相间的花纹，让整体色彩不那么沉闷。灯具也采用了方形射灯，床单颜色选用了浅一点的颜色，让它从整体中凸显出来，也符合了这家主人的风格。一盏黑色的简约落地灯，和一张深色皮质的凳子立于窗边，方便平时的休息看书使用。

主卫的空间较大，设置了一个淋浴房和一个浴缸。台盆上面采用了镜面柜子，背景墙用了两种灰色水泥砖不规则的铺贴，与整体空间风格相统一。

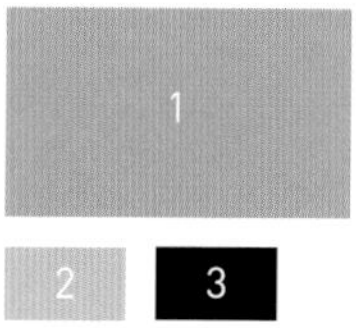

1
C:40 M:30 Y:30 K:0
2
C:45 M:14 Y:8 K:0
3
C:0 M:0 Y:0 K:100

1
C:40 M:30 Y:30 K:0
2
C:70 M:70 Y:70 K:30
3
C:0 M:0 Y:0 K:100

次卧

次卧室是业主儿子的卧室,整体色调也是黑、白、灰,符合了男孩子的风格,白色床单起到了点缀的作用,地面采用了实木地板铺设,就连背景墙上的咖啡色装饰画也与整个色调相统一。

利用色彩、材料与质感的搭配和层次打造奢华感

心居易

项目地址: 中国,台湾
项目面积: 85 平方米
设计单位: Studio Oj 设计公司
设计师: 陈思洁

小空间也可以有大奢华。为了达到客户拥有现代舒适生活空间的预期,设计师尝试在保留私密感的同时,将空间设计最大化。通过在装饰中使用不同的材料和定制家具,打造风格十足的个性公寓。

公寓以优质生活为设计基调,因而选用了较深的颜色。项目中使用的主要材料是胡桃木贴面板。木材是可以与所有材料搭配的中性材料。核心材料选定后,设计师就着手添加对比和反差元素。

1
C:0 M:9 Y:15 K:0
2
C:100 M:90 Y:10 K:0
3
C:65 M:80 Y:60 K:25

客厅

设计师利用不同材质的组合丰富空间感官。客厅中的灰褐色纹理大理石墙面配合钛金属装饰细节为空间增添了奢华之感。设计师希望在空间设计中突出家具元素，因此客厅中的所有墙壁都选用了米色墙面涂料。设计师还精心选择了蓝色长毛绒沙发和白色蓬松毛皮座椅，蓝色是公寓外河流和天空的颜色；设计师希望由此将自然引入室内。选用长毛绒和皮毛的目的是为给使用者带来柔软和舒适感,同时平衡客厅的黑暗区域。

低调奢华

平面图

1. 主卧
2. 起居室
3. 餐厅
4. 卧室
5. 卧室
6. 厨房
7. 阳台

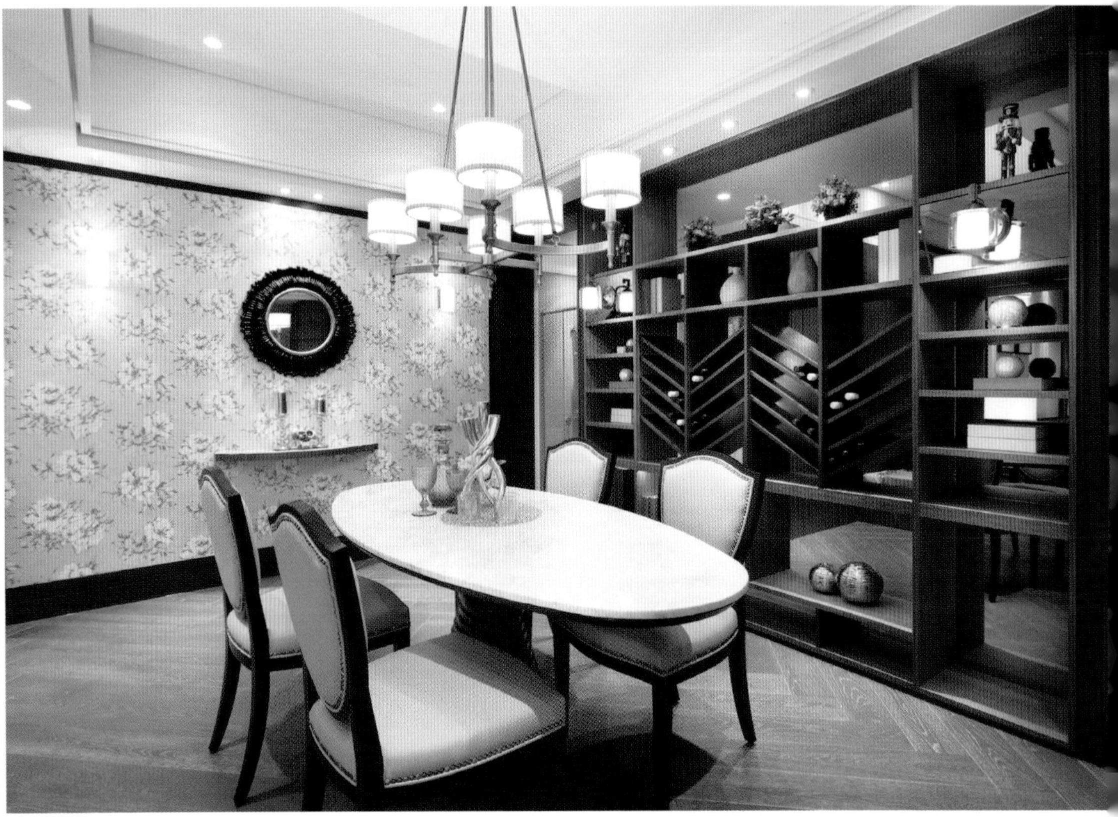

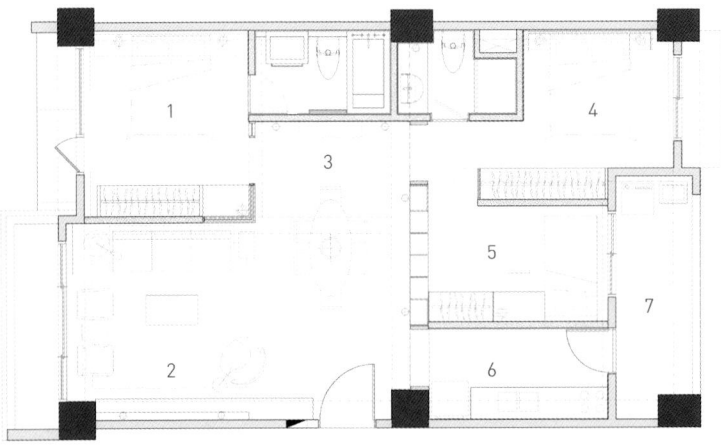

1
C:0 M:9 Y:15 K:0
2
C:0 M:0 Y:0 K:100
3
C:25 M:60 Y:75 K:0

餐厅及客厅

以时尚潮流为灵感，设计师在这部分的空间设计中混合使用了时尚织物和图案。花卉、千鸟格、人字形和格子等织物图案出现在整个公寓的墙面上，为公寓带来戏剧化效果。

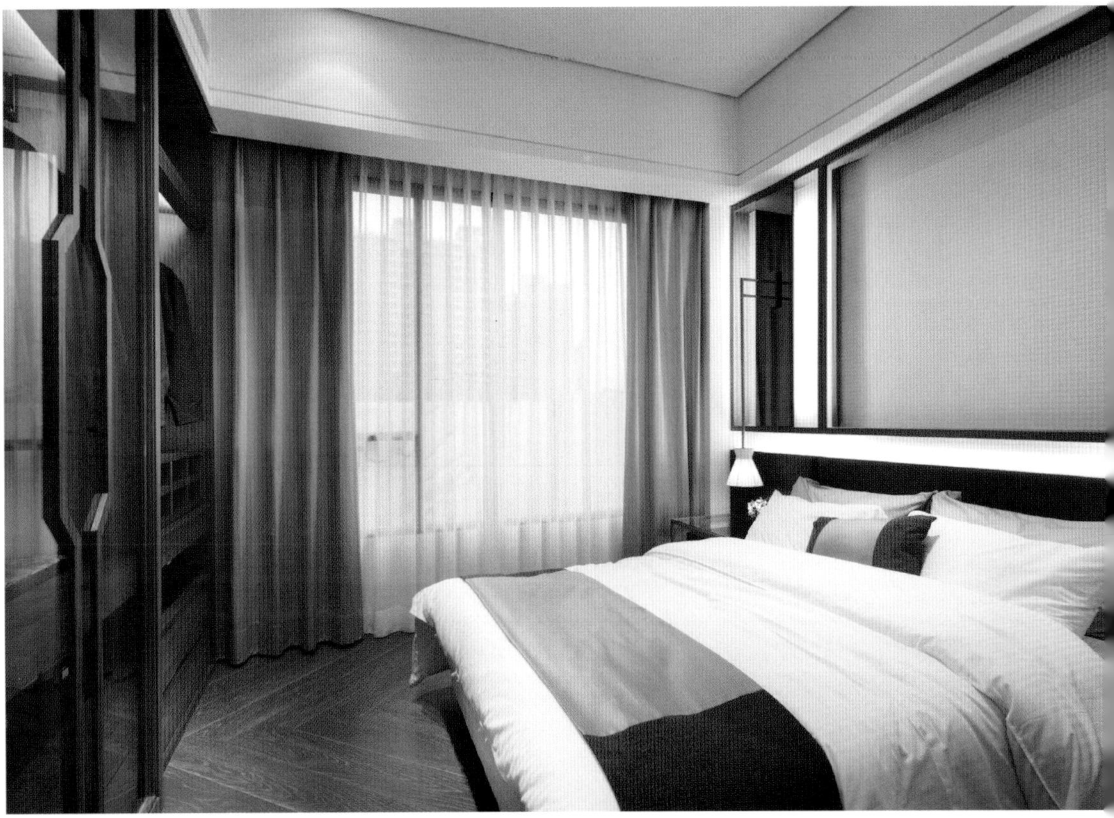

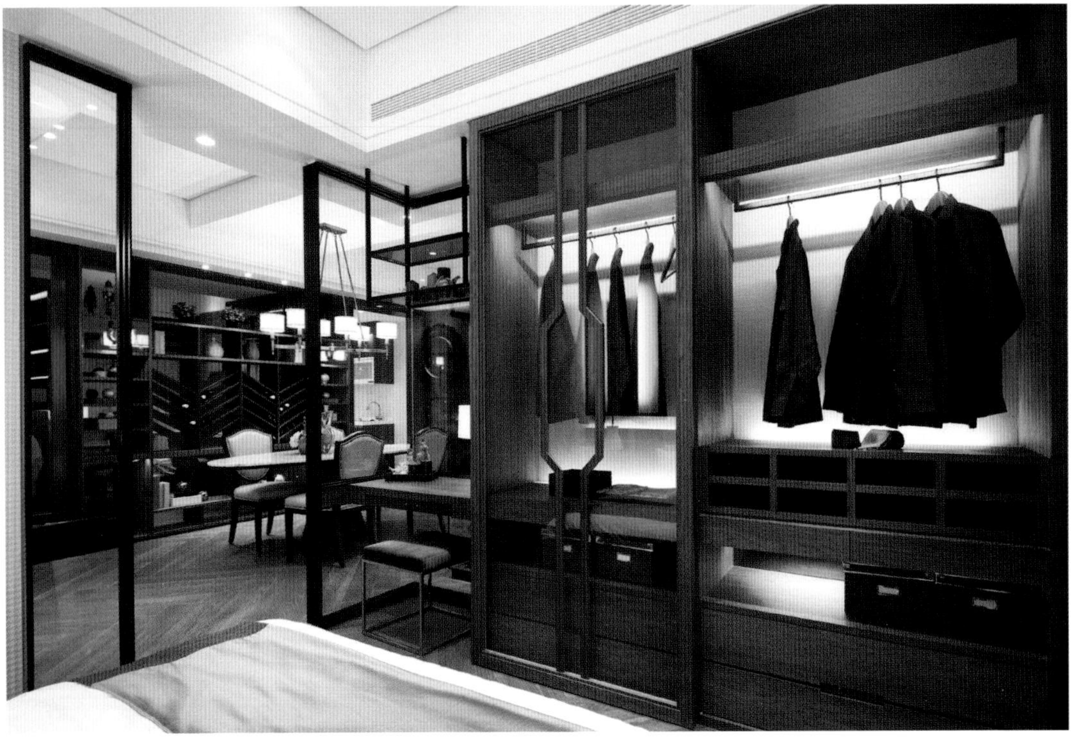

1

C:0 M:9 Y:15 K:0

2

C:65 M:80 Y:60 K:25

3

C:25 M:60 Y:75 K:0

主卧

卧室的配色选择旨在打造舒缓的安静祥和之感。墙面首先选用了柔和的颜色。主卧室的墙面上是淡淡的银粉色千格鸟图案。床头板上使用了显眼的紫红色丝绸，床品则选择颜色对应的面料，提升空间魅力。

1
C:0 M:9 Y:15 K:0

2
C:0 M:30 Y:85 K:0

3
C:25 M:60 Y:75 K:0

4
C:0 M:90 Y:90 K:0

次卧

其他卧室的墙壁都同样使用了柔和的中性色，结合大胆配色打造层次感。卧室中不同
色调的橙红色与天然木材搭配，营造宁静的效果。

穿普拉达的女王

项目地址： 中国，福州
项目面积： 150 平方米
设计单位： 福建品川装饰设计工程有限公司
设计师： 俞燕琴，陆冰霞
摄影师： 福建品川装饰设计工程有限公司
主要材料： 大理石、金刚板、乳胶漆、仿古砖、白镜

设计师在居住空间的打造上并没有富丽堂皇的堆砌，而是以现代简约的风格来衬托删繁就简的干练。公共空间采用全开放格局，以干净的白色和神秘的紫色为基调，更能突出现代女性优雅迷人的生活气息。在开放区域，墙面和地面大面积使用同一材质的石材，天然的黑白纹理让整体空间看起来像一幅打开的巨型画作，清新而雅致。在软装陈设上，设计师以紫色为主调，赋予窗帘、高脚椅、沙发以高贵的气质，甚至连背景墙的装饰也与之相互呼应。在家具的选择上，则选用了大体量的皮质家具，麻布和皮草与之搭配，为女性空间赋予更多柔软和尊贵的气质。

	1	3
	C:12 M:12 Y:10 K:0	C:25 M:60 Y:75 K:0
	2	
	C:65 M:100 Y:45 K:20	

客厅

雕刻白色大理石从地面延伸到墙上，不仅强调了空间的一体化，更让空间显得通透开阔。宽阔的沙发稳稳当当，表其雍容之态。女王之家的故事也从这里开始说起。

紫褐色，带着紫色的神秘性感，又带着褐色的沉稳和内敛。在客厅里，紫褐色被大面积地铺陈到墙面以及沙发上，奠定了空间知性的基调。

平面图

1. 更衣室
2. 主卫
3. 主卧室
4. 生活阳台
5. 厨房和餐厅
6. 玄关
7. 客厅
8. 卧室二
9. 浴室
10. 卧室一

1
C:12 M:12 Y:10 K:0
2
C:65 M:100 Y:45 K:20
3
C:100 M:75 Y:55 K:30
4
C:0 M:0 Y:0 K:100

厨房

开放式厨房和客厅连成一体，越过厨台，墙面和橱柜的材质颜色，形成黑白镶嵌，产生鲜明对比。在厨房和客厅之间，视线可以毫无障碍地看到整个空间，让这里既通透又充实。

1
C:12 M:12 Y:10 K:0
2
C:50 M:60 Y:40 K:0
3
C:25 M:60 Y:75 K:0
4
C:0 M:0 Y:0 K:100

卧室

卧室的飘窗前摆着一张小小的桌子和一把皮质的椅子，坐在椅子上可以望向城市的万家灯火。纱帘随风轻轻飘动，这一景象让心灵得以休憩。

卧室以灰色为主色调，纵向的灰色条纹增添了空间的幽深感，带来安静的感受。而床头现代感十足的壁纸则让空间灵动起来，这一动一静的巧妙组合，赋予了这个空间的和谐，为视觉带来饱满的感受。

1
C:12 M:12 Y:10 K:0
2
C:65 M:100 Y:45 K:20
3
C:8 M:30 Y:14 K:0
4
C:0 M:0 Y:0 K:100

衣帽间

柜子的高度与楼层等高，充分利用了楼层纵向上的空间。衣帽间使用帘子来充当柜门，黑色亚光的帘子让这个空间显得优雅且时尚，同时塑造出空间的私密性。

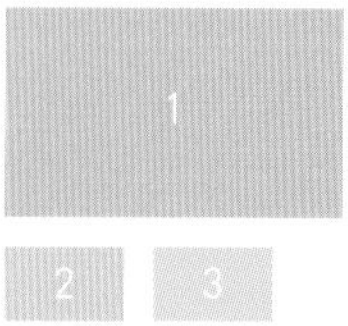

1
C:90 M:70 Y:0 K:0

2
C:55 M:0 Y:10 K:0

3
C:25 M:60 Y:75 K:0

女儿房

粉色是女儿房的主题颜色，欧式大床和圆形的床帐契合了每个小女孩梦中的公主房，飘窗用柔软的垫子铺好，放上抱枕和玩偶，俨然一片属于女儿自己的小天地。

客房

一改整体的知性风格，在女儿房打造了一个公主的宫殿之后，客房用白色和天蓝色一举捕获大城市中所没有的清新。带来蓝天和海岸的感觉，让客人在这里可以全然放松，一夜好梦。墙上的小格子里放着平日里收集来的小物件，每一格都是一个美好的童话故事。

1

2   3

:45 M:10 Y:0 K:0

:70 M:70 Y:70 K:30

:0 M:90 Y:65 K:0

低调奢华

古典与现代风格的精致结合

意大利郊区住宅

项目地址：意大利
设计单位：Diff.Studio 设计公司
设计师：维塔利·尤洛伏，伊琳娜·杰姆西乌科
摄影师：Diff.Studio 设计公司

本案中的室内设计以白色为主，配合明亮色彩打造出轻盈的空间感。住宅整体呈现出美学与功能，古典与现代的优雅结合。

镶木地板上美观的嵌花设计，金色的家具，难以想象并充满惊喜的细节结合美丽的老式建筑空间与拱形天花板，打造令人印象深刻的独特氛围。

项目特点：
明亮、鲜艳的色彩让空间感觉轻盈；
现代家具和经典工艺赋予历史感；
创新技术令人印象深刻。

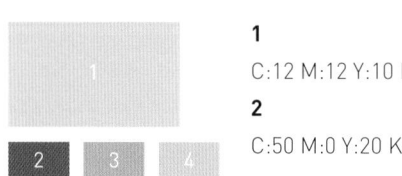

	1	3
	C:12 M:12 Y:10 K:0	C:10 M:30 Y:45 K:0
	2	4
	C:50 M:0 Y:20 K:55	C:25 M:9 Y:7 K:0

客厅

镶木地板上美观的嵌花设计，金色的家具，难以想象并充满惊喜的细节结合美丽的老式建筑空间与拱形天花板，打造令人印象深刻的独特氛围。

深绿色与灰色都是时尚的新灰黑色调，根据搭配物品和材质的不同呈现经典而高档的效果，可传统可现代。与白色和金色搭配时，效果中性、优雅，是布艺家具的绝佳配色选择。

在墙面上使用金色效果活泼。绿色沙发与白色、金色灯具是一组经典组合。这间客厅展现出轻盈的感觉。一旦使用了金色和绿色为主的空间配色，就可以用二者之间的其他颜色进行衔接点缀。

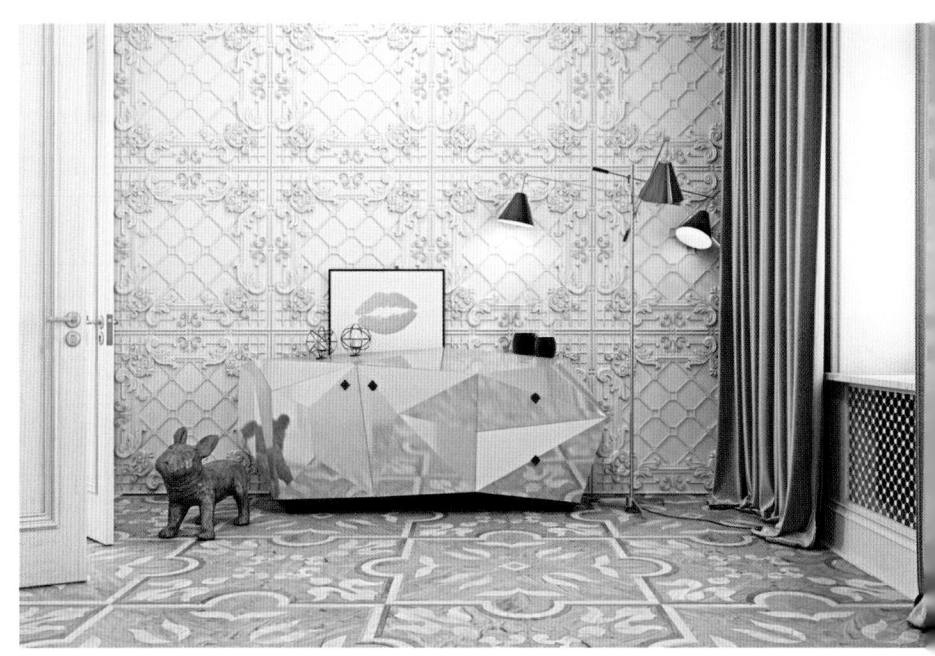

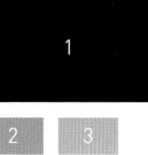

1
C:0 M:0 Y:0 K:100
2
C:40 M:30 Y:30 K:0
3
C:10 M:30 Y:45 K:0

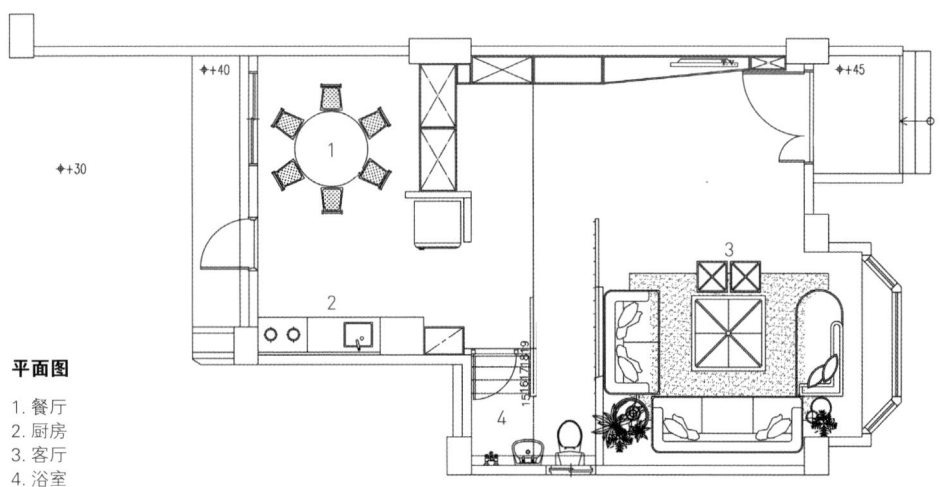

平面图

1. 餐厅
2. 厨房
3. 客厅
4. 浴室

厨房

厨房的空间以黑白两色为主，穿插其间的绿色植物让整个空间看起来更为连贯紧密。
如果担心空间过于拥挤忙碌，不妨选择一个清晰明了的配色方案。

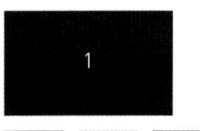

1
C:20 M:90 Y:50 K:50

2
C:0 M:0 Y:0 K:100

3
C:15 M:18 Y:22 K:0

4
C:70 M:40 Y:20 K:0

餐厅

使用红色对较深的颜色加以缓和。这间略带性感的餐厅使用了黑色的餐桌和餐椅。深红色的墙壁增添了深色为主的餐厅非常需要的一抹颜色。餐桌上的金色灯具和墙壁涂料与餐厅内的深色元素进行平衡。

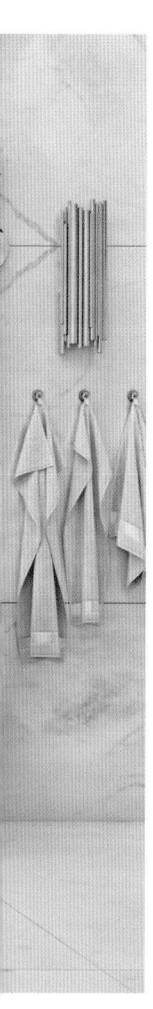

1
C:90 M:90 Y:0 K:0

3
C:0 M:0 Y:0 K:100

2
C:100 M:0 Y:0 K:0

4
C:10 M:30 Y:45 K:0

浴室

将黑色与充满活力的深蓝色组合使用为空间赋予奢华的感觉。在这里使用灰色可以将奢华感进一步提升。

黑白搭配产生极高的对比度。墙壁、天花板和地面呈现白色与浅灰色，在它们的映衬下黑色元素显得更加特别而与众不同，又不会咄咄逼人。浴缸和洗手池绝对是浴室中的亮点——装饰图案与现代风格的蓝色色调搭配得恰到好处。

用色彩的轻重变化描绘一幅森林城堡的神女梦

中茵地产霞浦样板房

项目地址：中国，宁德
项目面积：118平方米
设计单位：福建品川装饰设计工程有限公司
设计师：刘捷、池上联、刘文强
摄影师：福建品川装饰设计工程有限公司
主要材料：实木墙板、大理石、实木地板、通体砖

本案以白色、棕色系为主要色调。棕色，通常会联想到古老的森林，棕色和欧式在一起，则会想起高大幽深的城堡。而在这里，棕色带上了小窝式的甜美和小鸟依人，让人备感安心。设计师用颜色的轻重来划分人对整个空间的注意力，让这个空间层次分明。

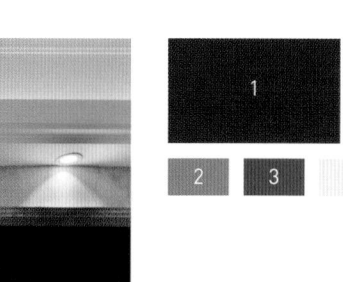

1
C:60 M:80 Y:80 K:40
2
C:25 M:60 Y:75 K:0
3
C:70 M:80 Y:0 K:0
4
C:0 M:9 Y:15 K:0

客厅

如果颜色有重量，那么棕色是重的，白色是轻的，这样，这个空间的重量被集中到了客厅的位置，使客厅带上强大的吸引力，吸引着人不自觉地注意和接近。

在这以棕色为主的一隅里，沙发背景墙是一个十分大胆的设计，蓝紫色的背景衬托着柔美的神女，搭配落地窗前的棕色纱帘，缓和了棕色的沉闷，空间的柔美感觉由此而来。

平面图

1. 入户花园
2. 厨房
3. 餐厅
4. 书房
5. 儿童房
6. 过道
7. 客卫
8. 客厅
9. 更衣间
10. 客卧室
11. 主卫
12. 主卧室
13. 生活阳台

1
C:0 M:9 Y:15 K:0
2
C:60 M:80 Y:80 K:40
3
C:70 M:80 Y:0 K:0
4
C:0 M:13 Y:75 K:0

餐厅

餐厅与客厅相隔一条过道，在过道的这边，客厅浓重且柔和，在过道的那边，餐厅清新，且带着甜美。墙面和储物柜是白色的，搭配柠檬黄的地砖，带给人耳目一新的清新感，棕色的纱帘与客厅遥相呼应，体现整个空间的整体性。

1
C:0 M:9 Y:15 K:0
2
C:45 M:14 Y:8 K:0
3
C:25 M:60 Y:75 K:0
4
C:0 M:13 Y:75 K:0

书房

书房略显空旷，摒弃了多余的元素，只用米黄色的墙纸打造出安静柔软的感觉，其简洁让人可以静下心来，安心完成自己的事情。

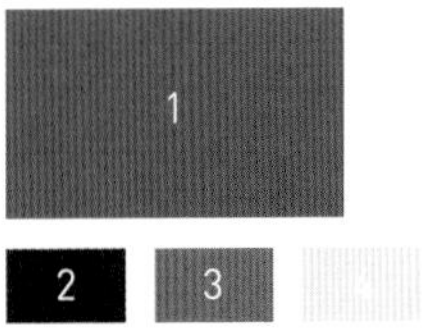

1
C:55 M:60 Y:70 K:0

2
C:65 M:100 Y:45 K:20

3
C:25 M:60 Y:75 K:0

4
C:0 M:9 Y:15 K:0

卧室

主卧回归深色，因为深色就是有这样的魅力，可以有收拢的效果，置身其中，在浓淡的对比下，眼前的浓重让四周都显得安静下来。床头两侧，玫瑰金的金属镜面是空间最亮眼的点缀，让空间的光线在这里得到了加强。床头的麻雀挂画给人温柔活泼的感觉，而地上的毛绒地毯使整个空间的舒适感提升。

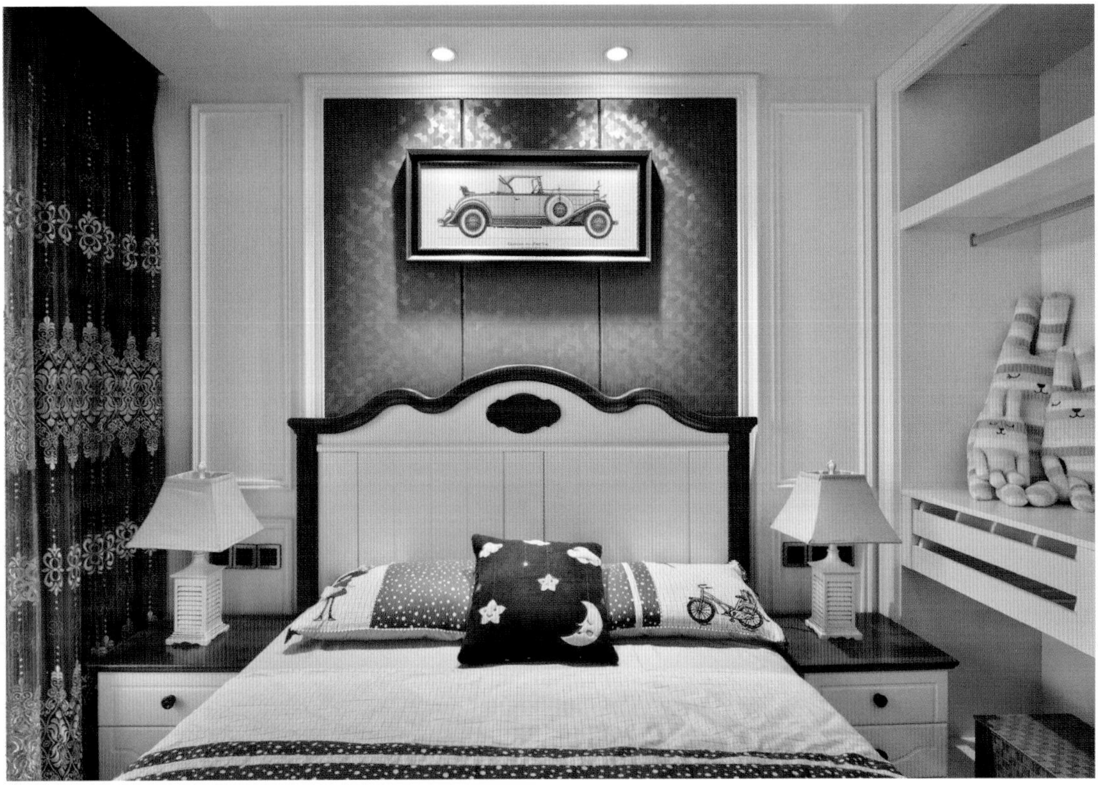

1
C:55 M:60 Y:70 K:0
2
C:65 M:100 Y:45 K:20
3
C:25 M:60 Y:75 K:0

次卧

次卧以简洁为设计重点，通过床头背景墙的颜色来契合整个空间的主题颜色，窗子的地方依然配有柔和的半透明纱帘，让整体简洁且不生硬。庄重，也显得柔和。

第四章

珠宝炫彩

室内设计中色彩运用的方法很大程度上取决于设计师的敏感度。对客户来说，"色彩"的概念其实就是某种材料或颜色给他们带来的主观感受。经常会有这样的情况：客户指定要用某种颜色，但是当我们把那面墙壁或天花漆成那种颜色后，他们又会说这不是他们想要的。在这样的背景下，我们提出"色彩心理学"的概念。我更愿意称之为一种"感性设计"。当我们处理色彩、材料、光照、氛围等这些问题时，我们需要用到一种"设计的语言"，正如普通的语言用词句、声音、概念来描述事物一样，这种设计语言用视觉和情绪来表现。这层含义很难用文字表述来说明；颜色搭配的过程其实是一种视觉过程。

这里就要提到设计师的经验和才能。我们认为，色彩和氛围跟我们的经验和个人品位相关。这也是为什么相同的配色对每个人会造成不同的感觉,因为他们的反应是不同的。拜访客户、多与他们交流,这是收集信息的良好开端,能让我们了解他们的经验、品位和预期。目标是通过材料、光影、尺度和色彩来营造一种氛围,能给客户带来某种情绪和感觉。当客户对你反馈说:"我在这座房子里感觉太棒了;总是感觉自由自在;可以很放松,身心重焕生机……"的时候,就会感觉你的付出都是值得的。

我们接手的设计项目种类繁多,有酒店、商店、餐馆、样板间等。为某个客户做设计,就像是在创造一件珠宝。我们的工作更像是珠宝制作,需要根据某位女士的尺寸、喜好的颜色、搭配的衣服来设计。这种独特的设计很难复制。如果你现在读这本书是在为你的公寓设计寻求灵感,那么,请多注意书中图片中的细节。记住,你现在看到的,是设计师几个月甚至几年的设计成果。你看到的是我们在接到设计任务的第一天就确定要营造的一种氛围。如果你想要复制这里的设计,你应该像复制模特身上的时装那样做。你需要将色彩进行"比例缩放"。如果你的房间比较小,你就应该用浅一些的颜色;如果墙壁面向一扇大窗户,光照充足,你就需要用较深的颜色。如果你用的百叶窗是带颜色的,那么射入的光线就会改变整个房间的氛围,你需要用人工照明来调节白天和傍晚的不同光照色彩。

在这一章中,你会看到很多令人眼前一亮的设计项目。室内空间充满生活的气息,你几乎能看到房子的主人在这样美妙的氛围下的一举一动。很多细节在图片上表现出来,不难想象生活在这样的空间中是什么样的感觉。每位设计师用不同的元素搭配来实现他们的室内设计或建筑设计。王凤波设计的"东方普罗旺斯"带有强烈的个人色彩。这是一个有关旅行和探险的故事。室内空间是不同文化的融合,高贵典雅。在"蓝色之梦"项目中,你又会看到这位设计师如何抓住空间的精髓,并使其与特定文化和历史背景相融。设计与艺术联袂,打造了完美的定制空间。余颢凌设计工作室的设计是室内设计师才能的完美诠释。这里的挑战在于客户,他本身就涉足时尚行业。一位自身就拥有时尚经验与品位的人士,却要找另一个专业人士来设计他的房子,这似乎很奇怪。当你对另一个专业含有敬意,同时,作为委托客户,在设计师的指导下参与到创作过程中,这样产生的设计成果可以是很惊人的。设计师能让你的"灵魂"现身,营造出让你感觉轻松惬意的家居环境。

有时候我们会很幸运,可以负责整个项目,包括建筑、室内和景观设计。艺术家的敏锐性和建筑师的设计技巧能够结合起来,打造出"人间天堂"。Metropole Architects建筑事务所设计的"保护区住宅"就是如此。从图片上即可看出,摄影师以其专业的眼光抓住了这个空间的精髓,将我们带入一个美丽的梦。你看着这些图片时产生的感受,正是建筑师首次实地考察，在设计和建造开始之前就确立的目标。

现在，我们将目光转向古老的欧洲。法国南部的"蓝色海岸"就在意大利海岸以西几千米远的地方。这是一片狭长的土地，直面地中海，地理位置得天独厚。南面，一年四季阳光普照；北面，有巍峨的山脉保护这里免受冬季冷风的侵袭。这里一年中的大部分时间，阳光和温度都十分宜人。这里的大自然绿意盎然，遍布着地中海松树和橄榄树。这个项目是一栋三年前弃置不用的别墅，新房主的要求是营造一个能与亲朋好友共度美妙时光的环境。设计目标是将三代人的生活会于一处，满足每个人的需求。这一点在设计师第一次拜访时，就与建筑师达维德·塞利尼沟通过。比较宽敞的房间全都处理成彩色墙面，凸显充足的光照，营造一种舒适放松的氛围。每个房间都是一个小小的独立世界，装饰根据每个家庭成员的个性来选择。

有时，设计师利用光照和色彩来营造氛围，目标是直抵每个人的内心，唤起积极的情绪反应。当我们成功做到这一点，并且让客户满意时，那就是对我们辛劳付出和不眠之夜的最好回报。

建筑师达维德·塞利尼，米兰SDC建筑事务所

大胆配色

如果没有戏剧性的生活令你喜欢，那也就不必追求其他了。大胆的配色会让你的生活一下子就变得不同。将大胆的色彩及其相应配色相结合，你就可以轻松地创造出极具视觉冲击力的空间。

我们使用的色彩：

火辣红

覆盆子紫

骤雨绿

不要害怕使用深色

深色的房间和墙壁会凸显空间中所有其他色彩。这种效果会令你吃惊。在房间中布置深色或大胆的装饰品也能达到相同的效果。

平衡配色

平衡的色彩令人感觉舒适。平衡配色可以包含不同的氛围和品位。可以从选用几种中性色

大胆配色
大胆即美

平衡配色
一切归于平衡

精致配色
深邃而精致

开始，以此作为基础来展开配色。在这种背景色下，再加入焦点色，为空间注入生气。一旦一个房间的配色确定下来，其他房间要与之保持统一和平衡。

我们使用的色彩：

黏土红

石南黄

阴影灰

家具的新功能

你可尝试将各个房间的家具漆上同样的颜色，或者将书柜、衣橱或碗橱的内部漆成同样的颜色。首先确认表面是可以上漆的，然后在处理之前，按照表面上漆的技术要求来准备。

精致配色

你是否会将你的家——或者是你家里的某些房间——视为自己心灵的庇护所？使用色调和饱和度相似的颜色，就可以很容易地营造出那种宁静平和的氛围。墙面、脚线、天花等处这样来配色，就能创造出抚慰人心的空间，让人感觉精神放松，同时又不失精致。

我们使用的色彩：

鼠尾草黄

小麦黄

凉廊黄

白色天花的反思

我们大部分人会将天花刷成白色。不管你信不信，如果将天花刷成与墙面相同（或稍浅）的一种或两种色调，会让空间感觉更宽敞。你可以试试看！

蓝色和金色的灵动碰撞

保护区住宅

项目地址：南非，德班
项目面积：1,741 平方米（18,740 平方英尺）
设计单位：Metropole Architects 建筑事务所
设计师：查尔斯·科雷亚
摄影师：格兰特·皮彻

本案中，充满活力而不拘一格的室内空间结合了 20 世纪中期的现代与工业设计风格，展现出丰富而有生机的元素融合，与建筑风格相补充，同时也实现了蓝色与金色的色彩碰撞。继越来越受欢迎的海军蓝和烟灰蓝之后，宝蓝色也将逐渐流行起来。宝蓝色灯光与镀金（镀金大门、木制品和天花板）搭配使用提升了空间的艺术感。这间住宅结合了热带现代建筑与大胆的未来主义元素，其中包含了 4.3 米高的混凝土墙。这部分墙体结构穿过门厅，斜面"T"形混凝土立柱为重要的悬臂支撑混凝土顶层楼板提供支撑，向上弯曲的悬臂水池向外朝着海洋延伸，结合形成运动的效果。

1	**3**
C:55 M:60 Y:70 K:0	C:70 M:0 Y:20 K:0
2	**4**
C:0 M:30 Y:85 K:0	C:23 M:0 Y:75 K:0

客厅

设计师为打造优雅的客厅选择了木质天花板，深色地板和天鹅绒沙发。装饰细节信息是本杰明·摩尔品牌的 HC-144 智慧蓝。蓝色与木材搭配十分美观。花瓶和植物呈现的一抹绿色有助于打破木色的沉重气氛，保留房间的柔和感。

1
C:30 M:30 Y:30 K:0
2
C:10 M:30 Y:45 K:0
3
C:0 M:30 Y:85 K:0
4
C:0 M:0 Y:0 K:100

一层平面图

1. 门廊车库
2. 草坪
3. 天井
4. 洗衣房
5. 门厅
6. 冷室
7. 备餐室
8. 炊具存放室
9. 厨房
10. 庭院
11. 泳池
12. 书房
13. 客卫
14. 电视休闲区
15. 餐厅
16. 休闲区
17. 吧台
18. 小型泳池

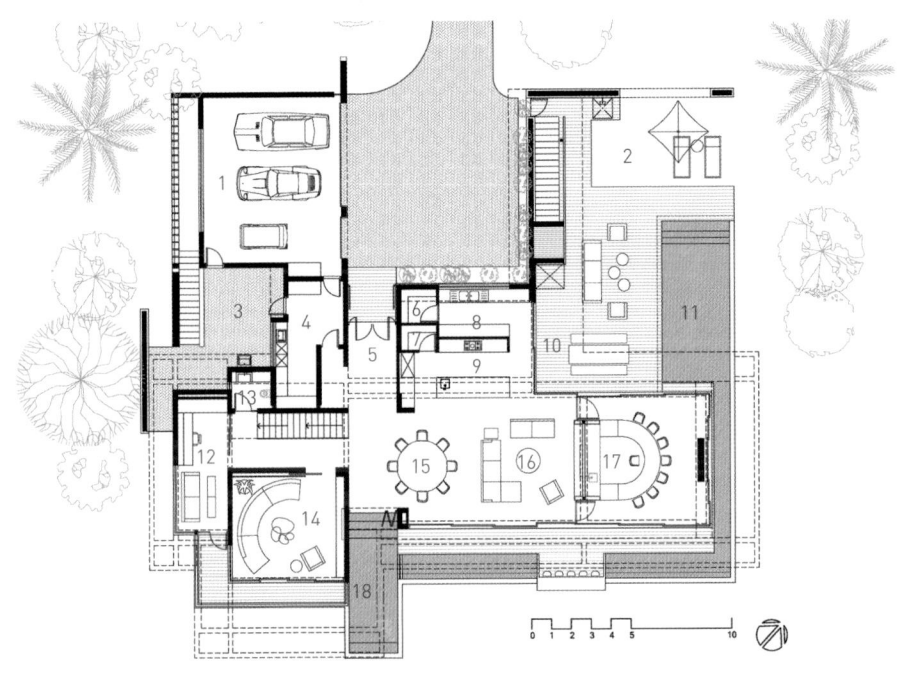

1
C:25 M:60 Y:75 K:0
2
C:0 M:9 Y:9 K:0
3
C:70 M:70 Y:70 K:30

卧室

这个房间采用的是深沉而丰富的颜色搭配，奶白色和金色点缀其间。金属质感面料的使用也为空间增添了魅力。这些拥有金属质感的金色丝绸布料带来浓厚的好莱坞风情。纱帘上也使用金色收边配合主题。床品搭配白色布艺家具与闪烁的金色背景，营造和谐的室内气氛。

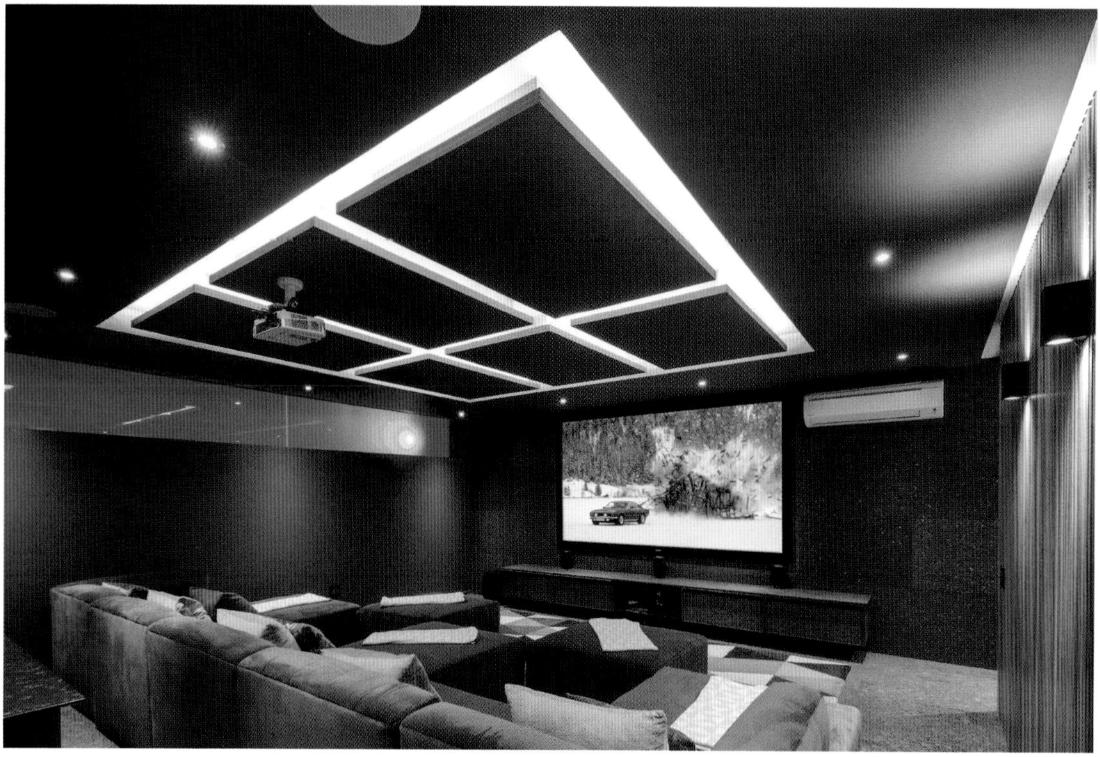

卫生间

卫生间使用台下盆、珠面嵌入式橱柜、木制收纳柜、木质台面和金色墙壁，洋溢珠光宝气。

1
C:0 M:50 Y:40 K:10

2
C:20 M:0 Y:40 K:10

3
C:70 M:70 Y:70 K:30

美
艳
华
丽
的
混
搭
艺
术

东方普罗旺斯

———————————————

项目地址： 中国，北京
建筑面积： 470 平方米
设计公司： 北京王凤波设计工作室
设计师： 王凤波
摄影师： 北京王凤波设计工作室

本案为典型的混搭风格，整个方案运用了非常丰富的材料及大量鲜艳各异的色彩，是主人爱好与个性的完美体现。富有中东感觉的精美家具，欧式的大气与精巧，中式的稳重融洽，东南亚的绚丽色彩，精美华丽的事物，考究的布艺软装，这些细节处理都很符合业主的气质，整体感觉表现了业主对生活的品味与追求。

1
C:10 M:30 Y:45 K:10

3
C:55 M:0 Y:10 K:0

2
C:60 M:80 Y:0 K:0

4
C:50 M:55 Y:0 K:0

客厅

客厅的空间很宽裕，光线很好，金色的吊顶为空间增添一些辉煌的感觉，造型优美、做工精细的家具使空间变得有了一些活力，华丽的饰物也使这个空间更加优雅大方。

一层平面图

1. 厨房	7. 电梯	13. 配电间
2. 餐厅	8. 休闲厅	14. 设备间
3. 茶室	9. 过廊	15. 影视厅（原地面下挖）
4. 桑拿房	10. 卫生间	16. 藏酒室
5. 卫生间	11. 红酒雪茄	
6. 楼梯间	12. 高尔夫	

二层平面图

1. 保姆房	6. 卫生间	11. 衣帽间
2. 楼梯间	7. 卧室	12. 厨房天窗
3. 电梯	8. 车库	13. 餐厅天窗
4. 过廊	9. 中厅	
5. 卫生间	10. 门厅	

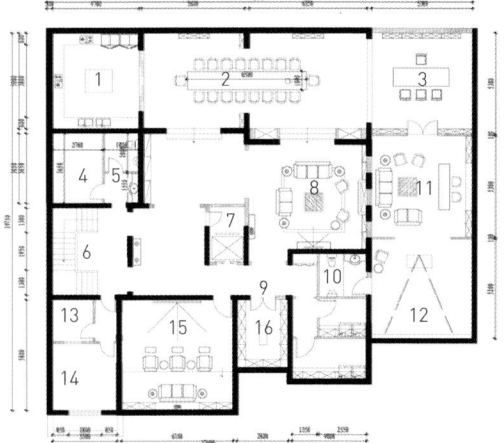

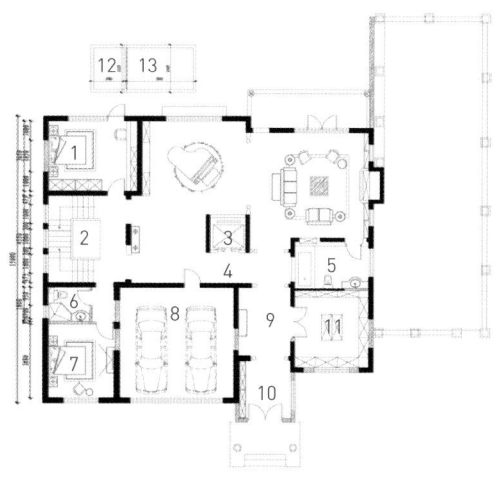

1
C:0 M:9 Y:9 K:0
2
C:20 M:90 Y:50 K:50
3
C:50 M:55 Y:0 K:0
4
C:25 M:60 Y:75 K:0

客厅

造型优美流畅的橱柜为餐厅增添了大气的感觉，圆形吊顶内是金箔，搭配圆形餐桌与地毯，餐厅一角有钢琴也体现了主人的生活情调。

1
C:60 M:80 Y:0 K:0
2
C:0 M:90 Y:90 K:0
3
C:90 M:75 Y:0 K:0
4
C:75 M:5 Y:100 K:0

影音室

影音室的流线型红色沙发，墙面大花的壁纸都体现了主人的热情。地下的色彩是最绚丽的地方，彩绘的椭圆形柱子，华丽的水晶灯，造型丰富的家具，更能体现主人的热情。

1

C:0 M:90 Y:90 K:0

2

C:60 M:80 Y:0 K:0

3

C:25 M:60 Y:75 K:0

珠宝炫彩

卧室

卧室的色调为暖色调，搭配皮草的床品，让空间华丽贵气但不失温暖。白色的顶面看起来很干净、漂亮，大量运用马赛克的卫生间由于色彩的搭配显得很妩媚娇艳，曲线的造型很灵动。处处散发着香艳的味道。以白色为主的小碎花给女儿的卧室梦境般的浪漫，在整体色调很绚丽的感觉中出现一个很温馨的空间，别有情趣。

1

2 3

1
C:60 M:80 Y:0 K:0
2
C:0 M:45 Y:95 K:0
3
C:20 M:90 Y:50 K:50

珠宝炫彩

炫彩民族风情 以蓝色和白色为基础打造出

内蒙古草原的蓝色之梦

项目地址：中国，北京
建筑面积：400 平方米
设计公司：北京王凤波设计工作室
设计师：王凤波
摄影师：北京王凤波设计工作室

这是一位蒙古族著名女演员、影视艺术家的住宅，设计师根据客户的喜好和对艺术的执着追求，打造了一个"蓝色蒙古高原之梦"。
设计师根据业主的经历、喜好和生活特点，在这套别墅中大量使用了蒙古族、藏族等富有少数民族特色的装饰手法，并以蓝色、白色等蒙古族装饰风格中特有的颜色搭配，来贯穿整个住宅的始终。

客厅

在宽敞的客厅中，藏式家具、传统的雕饰版与彩绘玻璃一起，共同营造出亮丽缤纷的装饰效果。蓝色的中式隔扇起到了分割空间的效果，将客厅、佛堂和餐厅区分开来，又能让三个空间相互呼应，形成统一的整体。

从门厅通向客厅的地方有两根方柱，设计师采用蒙古袍上的织锦缎，创意性的做成了柱头和柱脚的装饰，收到了很好的装饰效果。

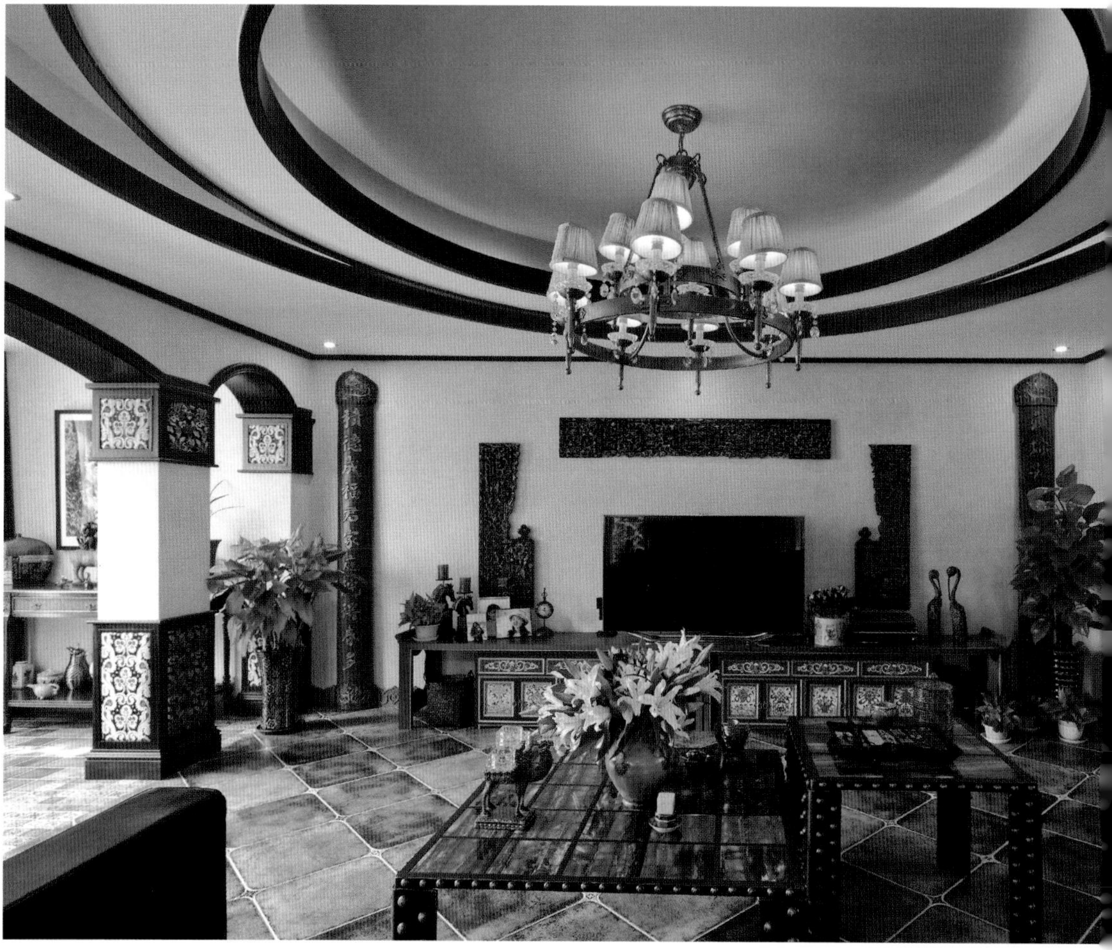

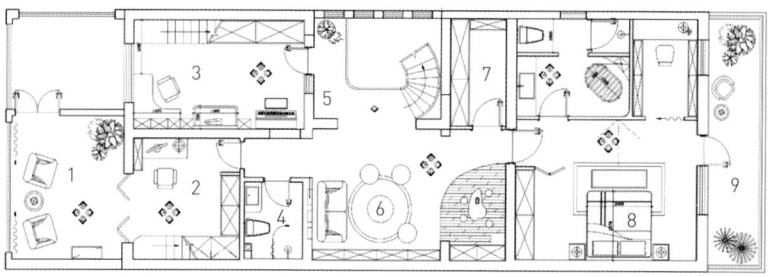

1. 休闲阳光房
2. 书房
3. 女儿房
4. 卫生间
5. 回廊
6. 起居室
7. 衣帽间
8. 主卧
9. 阳台
10. 一楼女儿房
11. 一楼书房

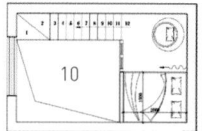

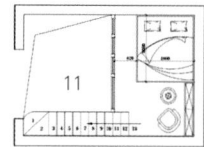

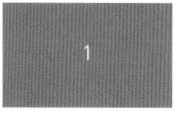

1
C:25 M:60 Y:75 K:0
2
C:0 M:90 Y:90 K:10
3
C:0 M:13 Y:75 K:0
4
C:84 M:61 Y:0 K:0

1
C:25 M:60 Y:75 K:0

3
C:0 M:13 Y:75 K:0

2
C:50 M:0 Y:35 K:0

4
C:0 M:90 Y:90 K:10

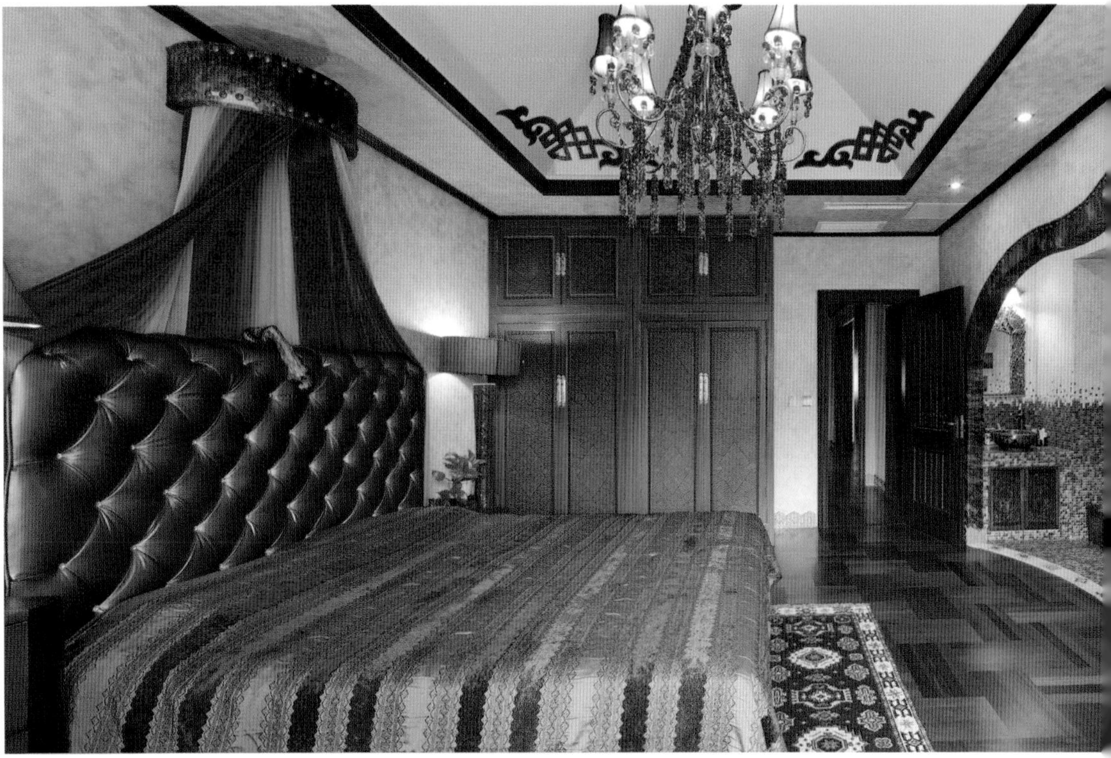

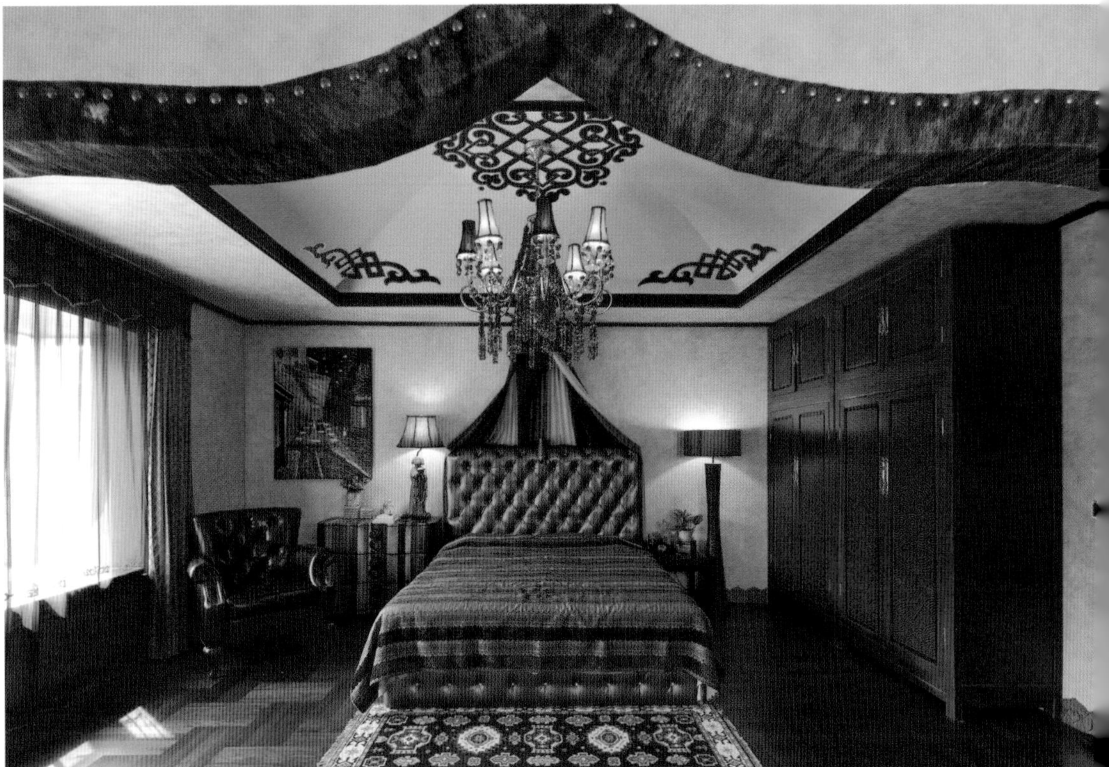

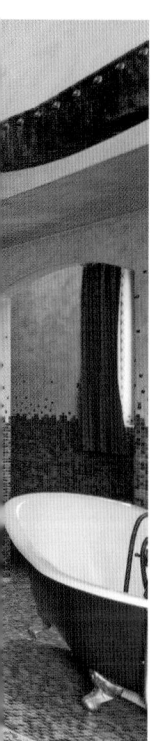

卧室

主卧室是整套别墅的又一个亮点：按照蒙古包造型做出的吊顶，画有传统的云图纹样。以牛皮包裹的异型垭口，也是传统的云纹造型。整个卫生间都是开敞式的，与卧室形成统一的整体，空间感觉更为开阔舒适。

1
C:35 M:0 Y:20 K:0
2
C:84 M:61 Y:0 K:0
3
C:0 M:90 Y:90 K:10
4
C:25 M:60 Y:75 K:0

时尚新解读：摩登高贵的完美演绎

项目地址：中国，成都
设计公司：余颢凌设计工作室
设计师：张译丹，杨超
摄影师：余颢凌设计工作室

立身时尚行业的夫妻二人，酷爱摩登亮丽的一切风尚元素，因此整个案例以黑白金为主色调，加入业主酷爱的黄蓝撞色，以及极富艺术感的特别装饰，譬如玄关处，巧妙地用一条 Hermès 丝巾装裱成一幅绝佳挂画和出自艺术家瞿广慈之手的《最天使 – 乾》。

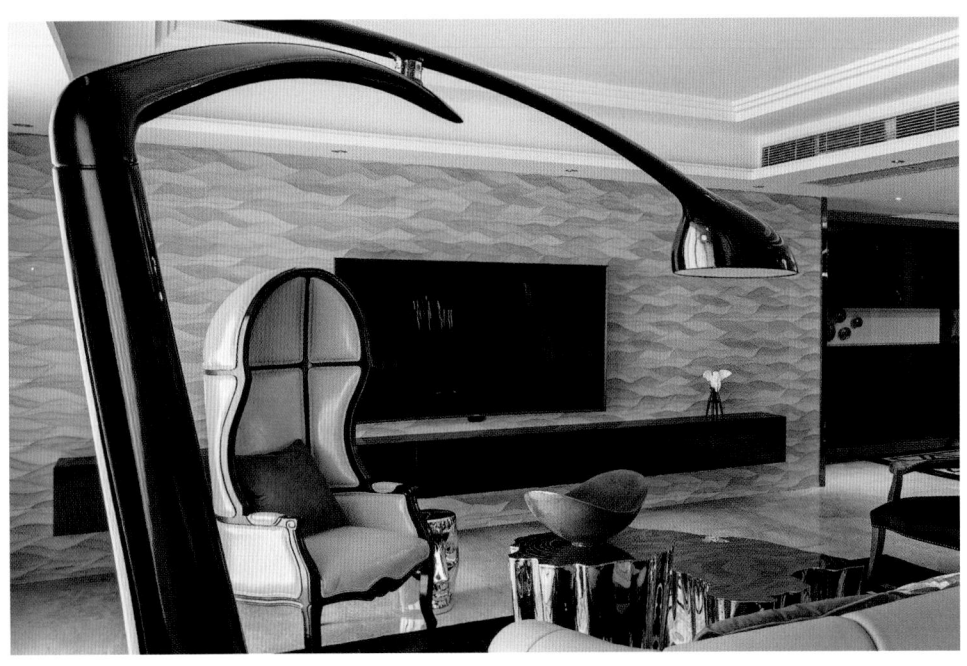

		1	3
		C:40 M:30 Y:30 K:0	C:80 M:30 Y:30 K:0
2	3	4	2	4
		C:0 M:13 Y:75 K:0	C:0 M:0 Y:0 K:100

客厅与餐厅

客餐厅的单品几乎全部采用或弧形或圆形或曲线造型的家具，线条元素在这个区域一眼可见，形成别具一格的空间摩登感。粗犷且极具力量感的落地灯也是客户极为喜欢的。最中意的莫过于餐厅的挑高设计，业主最初希望这个区域能有比较出彩的设计感，而最后的呈现也是不负重托，客餐厅墙壁在原有的基础上作了调整和改造，在墙面加入特别的造型处理，极富艺术气息。

珠宝炫彩

1

C:40 M:30 Y:30 K:0

2

C:80 M:30 Y:30 K:0

3

C:0 M:25 Y:65 K:0

4

C:0 M:0 Y:0 K:100

平面图

1. 男孩房 2
2. 衣帽间
3. 主卫
4. 主卧
5. 男孩房卫生间 2
6. 男孩衣帽间
7. 工作室
8. 男孩房卫生间 1
9. 男孩房 1
10. 公卫
11. 客房
12. 客厅
13. 早餐区
14. 储藏室
15. 设备间

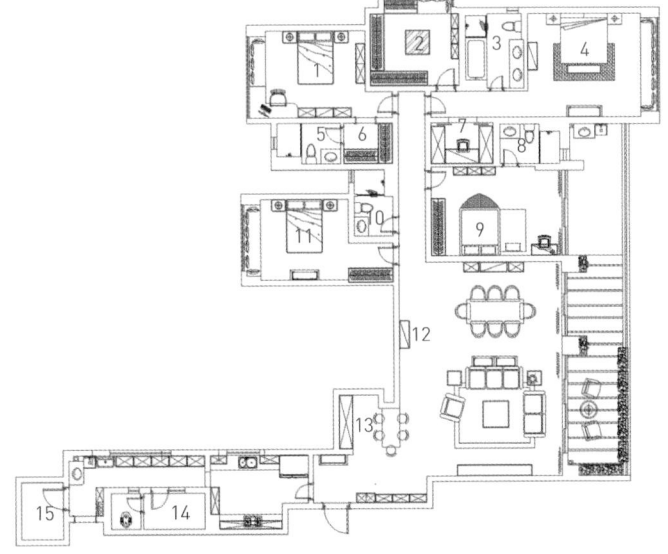

珠宝炫彩

卧室

主卧室应业主需求，是返璞归真回归自然的格调，加入玫红和橄榄绿的女性化色彩氛围。出于想把主卧做得更加宽敞的考虑，没有过多的装饰，保持睡眠和休息环境最舒适的空间设计，因此是尤为明媚开阔的区域。

大儿子不太喜欢体育运动，夫妻二人想给孩子一点点的心理暗示，设计师于是加入了活力运动的元素在房间设计中，给予小朋友启示和鼓励，希望他健康茁壮成长。小儿子的性格很是温顺，于是设计了较为宁静的卧室。将蓝天、海洋、帆船的地中海蔚蓝海岸元素融入房间。

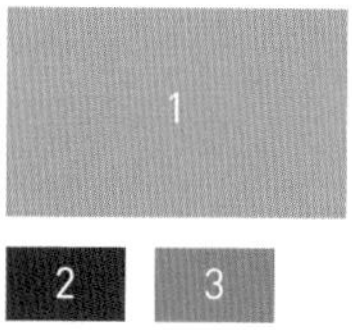

1
C:40 M:30 Y:30 K:0
2
C:30 M:95 Y:30 K:0
3
C:80 M:30 Y:30 K:0

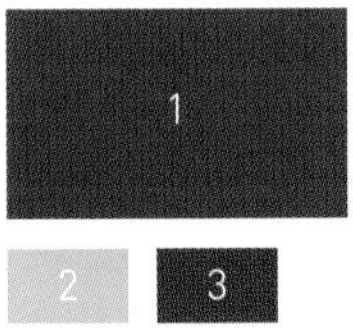

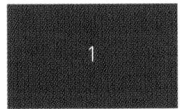

1
C:80 M:55 Y:0 K:45

2
C:55 M:0 Y:10 K:0

3
C:70 M:70 Y:70 K:30

海滨别墅

项目地址：法国
设计单位：SDC-Milano 设计公司
设计师：达维德·塞利尼
摄影师：切萨雷·奇门蒂

结合光照条件进行设计是每个建筑师的梦想。而法国南部的这个区域，从清透明晰的晨光到傍晚温暖的余晖，全天光照充足。

这间别墅适合于各个季节服务于亲朋好友的度假需求。设计团队从一开始就与客户达成一致，使用色彩方案打造出"活力十足"的室内环境。使用的色彩来自周围环境中的自然元素。来自花园、天空和美丽大海的绿色和蓝色是项目中出现的主要配色。粉色、紫色、黄色和金色等其他颜色的灵感来自园中的花卉以及夜空中闪亮的星星。

为了完成内容如此丰富的项目开发任务，设计团队需要在名为"材料板"的框架中收

1
C:15 M:20 Y:25 K:0

2
C:50 M:0 Y:29 K:55

3
C:65 M:80 Y:60 K:25

4
C:0 M:25 Y:65 K:0

集并对所有材料进行结合。这一步能够确保项目使用正确的颜色和材料组合与分层，因而十分重要。从实际的角度来说，设计师无法直接处理"配色"，更恰当的说法是处理材料中的配色。 材料总是伴随着一定的材质，会产生微妙的阴影，在光线的作用下进而产生不同的视觉效果。

设计师将收集好的材料带到室内，分别在日光条件与灯具提供的人造光条件下进行测试。光影关系总是一个项目生命力的源泉。

客厅与餐厅

设计团队为这处别墅选择了有金色点缀的浅琥珀色彩色装饰玻璃灯具，还在窗口设置了轻薄的丝质窗帘，在日光中轻盈舒展。考虑到日光的特点，大部分墙面粉刷了米色和银色的"丝绒效果室内装饰珠光涂料"。大客厅中的绿色部分也选用了相同的涂料，配合深浅线条打造深邃的空间感。

1

C:10 M:5 Y:50 K:0

2

C:55 M:60 Y:70 K:0

3

C:0 M:45 Y:90 K:0

二层平面图

1. 楼梯间
2. 过道
3. 卧室
4. 步入式衣橱
5. 卫生间
6. 卧室
7. 卫生间
8. 通道空间
9. 卧室
10. 步入式衣橱
11. 平台

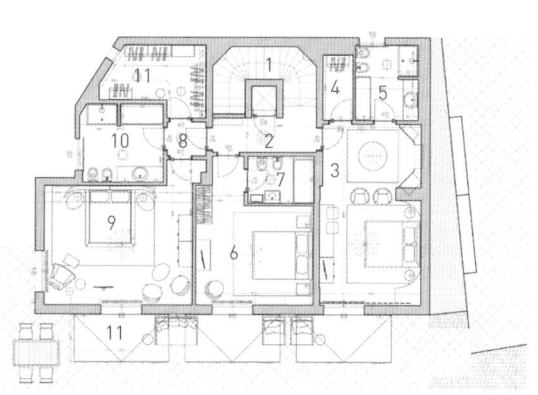

一层平面图

1. 起居室	7. 餐厅	13. 通道空间
2. 衣帽间	8. 通道空间	14. 卫生间
3. 电视休闲室	9. 厨房	15. 储藏室
4. 卧室	10. 卧室	16. 卫生间
5. 步入式衣橱	11. 通道空间	17. 设备间
6. 卫生间	12. 卫生间	

1
C:0 M:9 Y:15 K:0
2
C:20 M:90 Y:50 K:50
3
C:25 M:60 Y:75 K:0

厨房

厨房中的深色墙壁为深沉的暖灰色面板。橱柜面板则采用浓米色光面漆，配合紫色透明玻璃和天然胡桃木材料。地面是浅米色光面树脂材料。

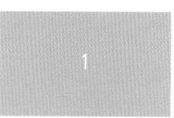

1
C:45 M:14 Y:8 K:0
2
C:0 M:8 Y:20 K:0
3
C:55 M:60 Y:70 K:0

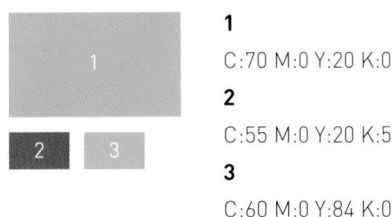

1

C:70 M:0 Y:20 K:0

2

C:55 M:0 Y:20 K:55

3

C:60 M:0 Y:84 K:0

卧室

在宽敞的"蝴蝶卧室"里，设计团队为中央框架面板选择了浅蓝色调。设计师还为每个卧室打造了不同的主题，以便客人有机会根据情绪状态挑选自己最喜欢的房间。在工程时间有限而墙面工程较大的情况下，设计师选择使用墙纸，因为这样可以确保与样板相同的最终效果。相比之下，涂料的使用看似简单，却需要不断地对浓度进行调整，因为墙壁的尺寸和光线强度都对最终效果有着直接地影响。这也是为什么想要获得最佳效果的情况下，墙面涂料的步骤应该在工程的初期阶段完成，而不要留到最后。

第五章

自然之味

一般认为用中性色做装饰是"安全"的，因为中性色跟什么都能搭配。很多人认为用中性色装饰很单调，其实，只要设计得当，中性色的房间也可以美丽灵动，充满生机。

何为中性色？

大多数人觉得中性色就是没有色彩，但其实远不是那么简单。中性色，比如米黄色、象牙色、灰褐色、黑色、灰色和白色等，似乎看上去没有鲜艳的色彩，但是应用起来，这些色调却往往蕴含着底色。做配色或者选择涂料颜色的时候，要尤其注意这些底色。比如说，米黄色拥有粉色、棕褐色或金色的底色。白色可能暗暗透出些象牙色、黄色、黛青色或蜜桃色的底色。

中性色可分两类：暖色类和冷色类。暖色类中性色包括米黄色、奶油色、浅灰褐色和棕色等。冷色类中性色包括灰色、灰蓝色、石青色等。

全中性色设计

如果你想全部采用中性色来设计，可以用相同颜色的不同色调来区分层次，营造经典、繁复的视觉效果。遵循以下设计建议，可以让你选择更和谐的色彩。

墙壁选择浅色，家具装饰用深色。小块地毯的颜色要跟木地板的颜色互补，但同时要比墙面的颜色深，这样，家具会更凸出。如果要大面积使用地毯的话，选择相同的颜色。装饰元素使用你在设计中用到的全部或部分颜色，这样能让整个房间成为一个统一的整体。这样的配色能让硬木地板、房梁、壁炉挡板（木质、砖材或石质）以及窗户框架在低调的氛围下显得更加温暖。

以中性色为背景色

这样的配色方案，跟前面的全中性色设计一样，也是始于中性色的墙面。墙面中性色的选择主要基于以下因素：你要使用哪些其他颜色；房间内能有多少自然采光；以及你对墙面颜色深浅的个人喜好。需要注意的是，深色墙面会让房间有一种闭合感，空间显得更小，也更暗，尤其是在没有多少自然光照的情况下。因此，如果你的房间宽敞又明亮，你可以尽情选择。但是如果房间很小，又在阴面，那么选择较浅的中性色会更好。

如果你喜欢灰色，你要决定是想要暖色调还是冷色调。白色也是如此。比如，你选择灰褐色作墙面的颜色，然后选用海军蓝的沙发和白、褐、蓝条纹的椅子为空间增色。再加上与墙面相同的褐色色调或更浅些的小块装饰地毯或者大面积地毯。抱枕也用褐色，跟椅子一样的条纹，再用褐色沙发套，营造出统一的色调。黄铜或玻璃茶几上可以放几本书，或者带一抹砖红色的艺术摆件，为房间增添色彩和趣味性。在这个配色方案中，我们使用了褐色墙面和地面，营造了中性的背景色，而海军蓝和一点红色装饰元素则让人眼前一亮。

用中性色作装饰——需要考虑的因素

跟用白色作装饰一样，使用中性色需要注意营造空间的深度。

造型：

任何时候，如果你在一个房间内全用相似的色彩，那就需要用不同的造型来区分各个元素。这与利用色彩来凸显一些元素不同，在中性色的房间里，我们利用造型来实现。

家具：

为中性色房间选择家具时，要考虑什么样风格和造型的家具适合你。沙发和椅子可以有柔美的曲线，也可以是现代的流线型造型。关于桌子，桌腿可以典雅精致，可以使用装饰性的桌布；或者也可以是极简主义的桌子，不用任何装饰。需要考虑的是，如何让你喜欢的所有造型和谐搭配。

装饰元素：

使用装饰元素能为中性色的房间增添趣味性。灯具、花瓶、杂志架、置物篮、雕塑摆件、画框……不论你用什么来装饰房间，要确保它们呈现出不同的、有趣的色调。

质地：

这里说的质地指的并不是织物的质感。织物固然很重要，但硬质表面呈现出不同的材料质地也很重要。

·软质地

软质地是像织物那样的质感。可以将不同的材料结合使用，包括任何你喜欢的材料，比如棉布、亚麻布、天鹅绒、花呢、羊毛、人造毛皮等。选择织物的时候，包括家具外面的装饰衬垫、窗户的处理、枕头以及其他软装元素，要确保选择的多样性。

·硬质地

家居环境中可以使用的不同的硬质地材料有很多，使用中性色作装饰时，要注意选择的多样性。比如说，你不能让所有桌椅都是相同的木料。最好将木材、石材、金属以及一切你喜欢并且适合你的设计的材料搭配使用。或者你也可以全都使用木质桌椅，但是有些深色，有些用浅色；或者有些粗粝，有些光滑精致；有些是原木色，有些上漆。

中性色房间中可以使用的不同材质是没有尽头的。因此，可以考虑将光滑、粗糙、光泽、亚光、硬质、软质等材料混合使用。

大胆配色

如果没有戏剧性的生活令你喜欢，那也就不必追求其他了。大胆的配色会让你的生活一下子就变得不同。将大胆的色彩及其相应配色相结合，你就可以轻松地创造出极具视觉冲击力的空间。

我们使用的色彩：

面包黄

河道蓝

文雅铜

不要害怕使用深色

深色的房间和墙壁会凸显空间中所有其他色彩。这种效果会令你吃惊。在房间中布置深色或大胆的装饰品也能达到相同的效果。

大胆配色
大胆即美

平衡配色
一切归于平衡

精致配色
深邃而精致

平衡配色

平衡的色彩令人感觉舒适。平衡配色可以包含不同的氛围和品位。可以从选用几种中性色开始，以此作为基础来展开配色。在这种背景色下，再加入焦点色，为空间注入生气。一旦一个房间的配色确定下来，其他房间要与之保持统一和平衡。

我们使用的色彩：

静谧灰

亚麻黄

悬地黄

家具的新功能

可尝试将各个房间的家具漆上同样的颜色，或者将书柜、衣橱或碗橱的内部漆成同样的颜色。要首先确认表面是可以上漆的，然后在处理之前，按照表面上漆的技术要求来准备。

精致配色

你是否会将你的家——或者是你家里的某些房间——视为自己心灵的庇护所？使用色调和饱和度相似的颜色，就可以很容易地营造出那种宁静平和的氛围。墙面、脚线、天花等处这样来配色，就能创造出抚慰人心的空间，让人感觉精神放松，同时又不失精致。

我们使用的色彩：

世外灰

缥缈褐

常见米黄

白色天花的反思

我们大部分人会将天花刷成白色。不管你信不信，如果将天花刷成与墙面相同（或稍浅）的一种或两种色调，会让空间感觉更宽敞。你可以试试看！

新古典与地中海风格共同打造
舒适自然的空间体验

贝尔格莱维亚公寓

项目地址： 乌克兰，基辅
设计单位： MARTIN 建筑师事务所
设计师： 伊戈尔·马丁
摄影师： MARTIN 建筑师事务所

这是一处位于基辅的一对新婚夫妇的住宅。设计师以蒂芙尼蓝、浅咖、米棕等色彩诠释这一对新人对居住空间幸福和浪漫的追求。麻布面的沙发椅、简约的金属灯、古典优雅的壁炉与各个空间充满艺术气息的装饰画搭配设计无不给人温馨、舒适、自然、和谐的空间体验和享受。

1
C:45 M:15 Y:20 K:0

2
C:15 M:20 Y:25 K:0

3
C:60 M:80 Y:80 K:40

客厅

米棕色的布艺沙发两侧对称放置金色的台灯，搭配蒂芙尼蓝的抱枕，营造出一个温馨恬适的交流氛围。地毯以浪漫的蒂芙尼蓝色为主，搭配灰白色的抽象花纹，既营造了空间层次感，也为空间营造了许多的艺术气息。设计师采用立体感强烈的简约优雅质感橱柜让整体空间多了许多温暖感，棕色系的丝绸布帘让人眼前一亮。

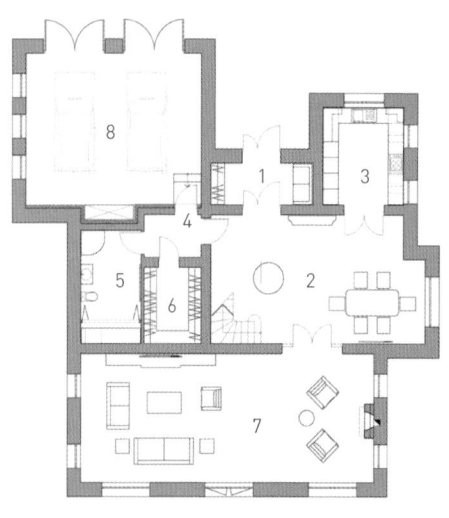

一层平面图

1. 玄关　　3. 厨房　　5. 卫生间　　7. 车库
2. 餐厅　　4. 走廊　　6. 衣帽间　　8. 客厅

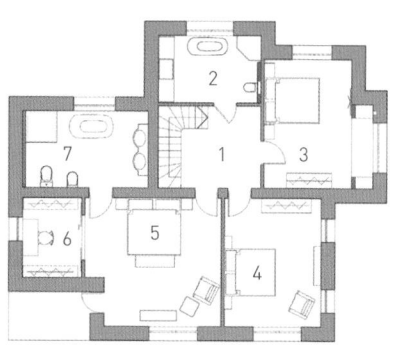

二层平面图

1. 楼梯　　　3. 次客房　　5. 主卧　　7. 主卫生间
2. 次卫生间　4. 客房　　　6. 衣帽间

1
C:0 M:9 Y:15 K:0
2
C:70 M:70 Y:70 K:30
3
C:65 M:80 Y:60 K:25
4
C:50 M:40 Y:60 K:0

餐厅 + 厨房

白色的厨房线条感的橱柜充满田园式的味道。深棕色钢琴烤漆的椭圆形餐桌搭配收边的欧式古典餐椅，搭配水泡造型的吊灯给人现代古典优雅之感，餐厅的端景色调值得注目一看，一深一浅灰棕和白色的色彩搭配很是精彩。

拾级而上的楼梯，还有楼梯处的装饰画可以让人感受到安静的恬息，二楼的盆栽充满人文怀旧的情怀。

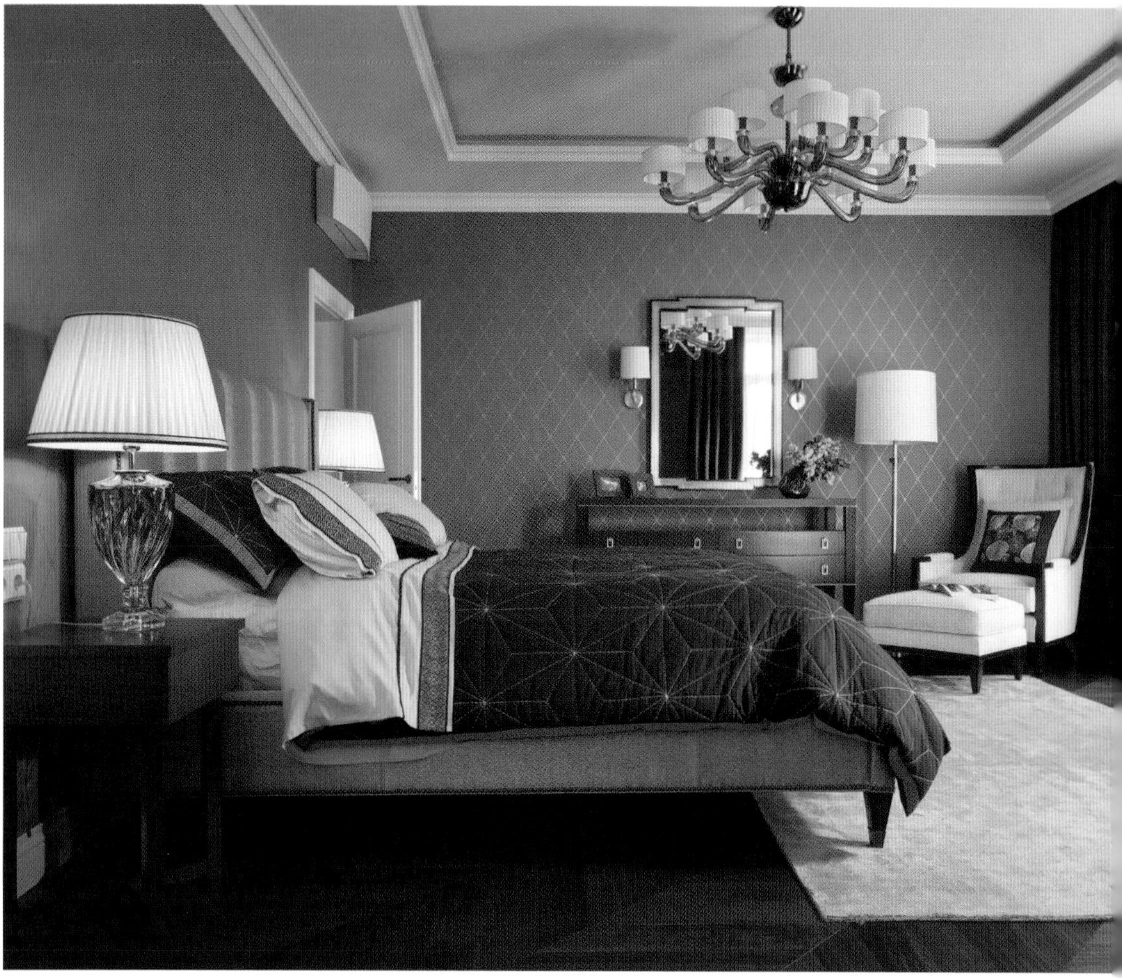

1
C:85 M:70 Y:30 K:0
2
C:30 M:45 Y:50 K:0
3
C:70 M:70 Y:70 K:30

1
C:30 M:30 Y:30 K:0
2
C:30 M:45 Y:50 K:0
3
C:70 M:70 Y:70 K:30

主卧 + 客房

主卧室地中海蓝的吊灯搭配深蓝色条纹的床品，看起来非常的清爽舒适，同时吊灯很
有乡村式的温馨情调。
客房靠窗的位置放上布艺的舒适沙发，扪皮的坐垫搭配花艺等点缀，优雅而小资。

1

C:45 M:15 Y:20 K:0

2

C:70 M:70 Y:70 K:30

3

C:30 M:45 Y:50 K:0

次客房

次客房素蓝色的墙面搭配金棕色的窗帘，带来一种纯然的清透感。简床品和床头柜，将简约风阐释到极致。也许这个卧室就适合沉溺于颜色中的设计师来居住，这里有真正简约式地中海风格。

温润的木色和树影描绘林荫下的写意生活

澳门一号湖畔

项目地址：中国，澳门
项目面积：367 平方米
设计单位：维斯林室内建筑设计有限公司
设计师：廖奕权
主要建材：云石、镜子、木

本案的设计理念是表达大自然的宁静，而"树"就是一个庇护与活力的象征。这棵"树"贯穿整个复式空间，统一设计，营造了舒适的空间。透过富于自然色彩的居所，业主一家犹如安然于树影之下，完全放松，安心享受惬意的家庭生活。

玄关

玄关处，不见任何植物或盆景，却处处可见自然气息。木制屏风、叶子形状修饰，拼凑起来仿似错落枝叶。放眼远望，屏风自入门处连绵不断，弧形线条至玻璃窗戛然而止。与天花板的树影吊饰相搭配，仿佛置身于大树之下，充满自然气息。

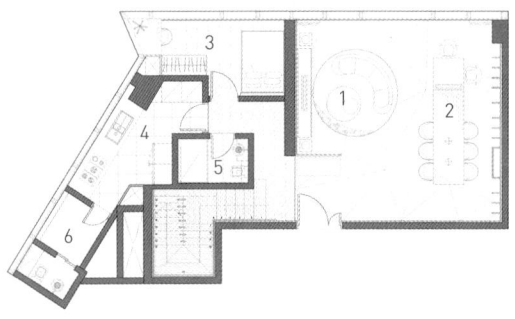

38 层平面图

1. 客厅
2. 餐厅
3. 卧室
4. 厨房
5. 卫生间
6. 卫生间

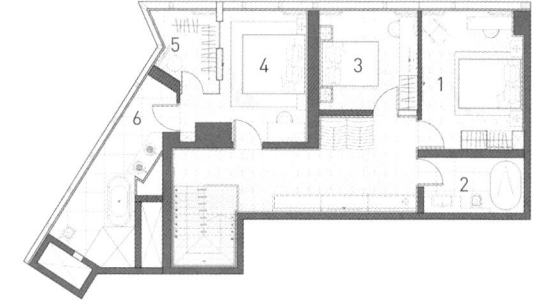

39 层平面图

1. 次卧 1
2. 浴室
3. 次卧 2
4. 主卧
5. 玄关
6. 浴室

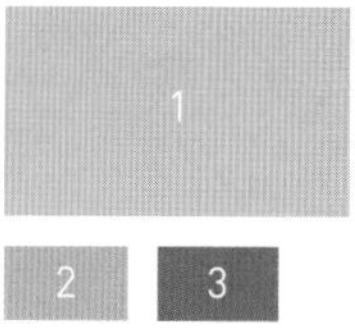

1
C:0 M:30 Y:85 K:0
2
C:35 M:20 Y:80 K:0
3
C:65 M:55 Y:55 K:0

客厅

一楼厅堂以一扇树林形屏风划分两区，设计师除了将树木形象融入家居饰品之外，亦透过天然材质与大地色调营造空间清新自然的色彩。

流线型屏风配合天花板的亮面吊饰，将躺卧于树下时所看见的婆娑树影再次重现。利用激光切割的不规则图案配以渗光效果，模拟穿透茂密枝叶后的斑驳光影，自然美渗透各处。对应曲折线条，客厅的沙发、茶几、地毯、落地灯等都选用流线型设计，与四方形的墙柜、挂画、装饰架等形成和谐构图。

大地色调与天然素材可以提升空间的原始味道，于是设计师在灰白云石地砖和黑白地毯上搭配一组灰绿色布艺沙发和石材质感的茶几，墙身则漆上土黄色，感觉舒适自在。

1
C:10 M:30 Y:45 K:0

2
C:0 M:0 Y:70 K:0

3
C:25 M:60 Y:75 K:0

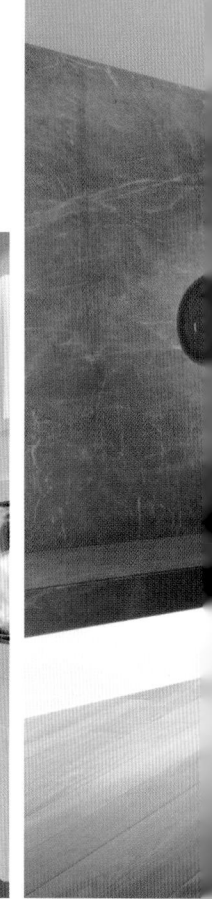

餐厅

餐厅则在自然主题上添加了摩登色彩，线条平实简约，设计师以颜色和质感营造不一样的个性。长长的木餐桌连接灰黑色云石，台脚以镜钢做装饰，质感丰富、线条优美。墙身的陈列架又是一个重点，黑、白、黄与玫瑰金的搭配玩味跳脱，点到即止使人眼前一亮。墙架隐藏一个现代化壁炉，渲染温馨感的同时不忘时尚度。

1

2 3 4

1
C:40 M:30 Y:30 K:0
2
C:30 M:30 Y:30 K:0
3
C:50 M:40 Y:60 K:0
4
C:13 M:40 Y:60 K:0

二楼客厅

二楼客厅是户主一家的互动空间，对比一楼的鲜亮宽敞更显得沉稳朴实。地面铺上温润简朴的木地板，一幅宽阔的电视墙贯穿整个厅堂和走廊，活用每寸空间。仔细留意，洁白天花缀以几何切割线，而家具灯饰亦选择线条圆润的设计，呼应树木元素。设计师采用沉稳优雅的灰咖色调来取代轻柔鲜亮的色彩，以体现出一种浓重的都市风格。

自然之味

1
C:60 M:80 Y:80 K:40
2
C:0 M:9 Y:9 K:0
3
C:25 M:60 Y:75 K:0

主卧

主卧从地板到床头，设计师一律采用深咖色木材。凹凸不平的床头板再以树干为设计
灵感，配合玫瑰金线条，质感多变。

套房 1

这间套房是以金属铺饰床头，灯光照射下隐约透露的纹理又令人联想到树荫下的光影，别具韵味。

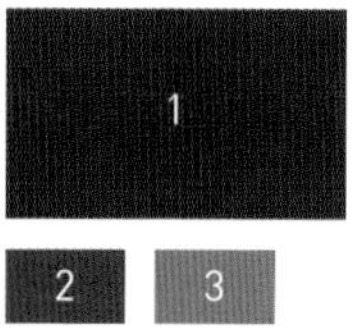

1
C:60 M:80 Y:80 K:40
2
C:0 M:90 Y:90 K:10
3
C:25 M:60 Y:75 K:0

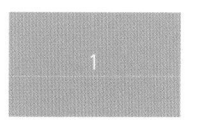

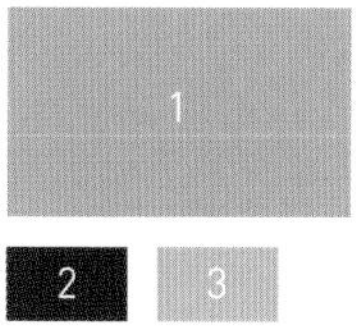

套房 2

二楼另一间套房采用几何设计，金属框架从床头柜延伸至床头板，加上木材与夹丝玻璃，
简约而高贵。

1
C:30 M:30 Y:30 K:0

2
C:60 M:80 Y:80 K:40

3
C:10 M:30 Y:45 K:0

自然之味

中式与现代元素共同演绎水墨意境

中航复式

项目地址：中国，贵阳
项目面积：230 平方米
设计单位：SCD（香港）郑树芬设计事务所
设计师：郑树芬
软装设计师：郑树芬、杜恒
摄影师：SCD（香港）郑树芬设计事务所

现代中式风格一直是个深奥的主题，中式是经典又源远流长的文化，现代时尚却迸发了它的时代象征。当这两种碰撞在一起时，富含了经典而又时尚的激情。在这个项目中主创设计师融合中式与现代元素，将空间演绎成一幅水墨画意境。可以说整个空间就像一张洁白的宣纸，经过设计师渲染着豪放的泼墨与纤细的白描，将中国文化的万千情怀与东方人的审美情趣完美地结合在一起。

1
C:55 M:60 Y:70 K:0
2
C:10 M:25 Y:50 K:0
3
C:65 M:80 Y:60 K:25

玄关

一层的玄关处是此户型的亮点之一，首先一幅抽象意境画框映入眼帘，而小鸟雕塑与一盆梅花一高一低错落有致，同时梅花的陈设与客厅现代中式也是相呼应。

自然之味

夹层平面图

1. 下沉花园　5. 洗衣房
2. 书房　　　6. 视听间
3. 品茶室　　7. 工人房
4. 客卫

一层平面图

1. 书房　　　7. 小孩房
2. 客卫　　　8. 品茶区
3. 主卫　　　9. 餐厅
4. 衣帽间　　10. 客厅
5. 主卧室　　11. 厨房
6. 客卧　　　12. 庭院

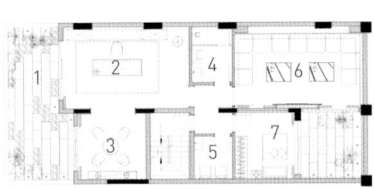

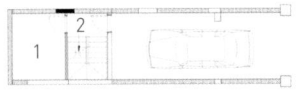

客餐厅

客餐厅墙面以深棕色的木质格栅装饰为客厅亮点之一，中式的单椅，几案上的延年松，茶几上以白色蝴蝶兰、茶具及骑瑞兽陶器为点缀，可谓是演绎出一幅水墨画的意境。而沙发又以简约时尚来体现现代的形式美，深色调的沙发上的抱枕以红色恰如其分的点缀，抱枕上的梅花舒展，将"中国红"表达得淋漓尽致，整个空间将中式与现代相互交融、仿佛置人于一幅美画中。

同样，餐厅为表达现代中式，以灰白色回型布艺的餐椅为主角，设计师将这些东方格调元素微妙的融入其中，而餐桌上用红色餐布及花艺为点缀，虽然现代时尚，但也是设计师为演绎"中国红"的味道，可谓是传统与现代的完美结合。餐厅的吊灯也是经过设计师精心挑选的，单看吊灯可能觉得较为薄弱，而在这个空间却是那么的完美，因为正是它代表着现代风格的力量。

颜色构成：都是最为沉着自然的色调，如深棕色、灰白色、奶油色、红色等。

颜色意义：充满大自然气息的棕色，代表和谐、统一、优雅、高贵的白色，混以深思、平和的灰色，携带高贵的红色……这些宁静色系可以营造出舒适宽广的空间感，给人柔美、高雅与庄重的感觉，整体风格高雅庄重。

自然之味

| **1** |
| C:55 M:60 Y:70 K:0 |
| **2** |
| C:65 M:80 Y:60 K:25 |
| **3** |
| C:45 M:85 Y:85 K:15 |
| **4** |
| C:50 M:0 Y:25 K:15 |

茶室

负一层茶室与书房设计在同一空间，便于业主休闲聊天。茶室里将木柜做旧与皮质相搭配，体现了一种中式的味道。而红色的抱枕、莲花画框延续了客厅"水墨画"的空间意境。

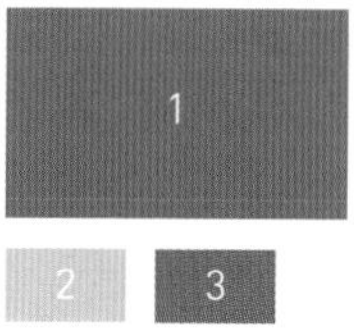

1
C:55 M:60 Y:70 K:0

2
C:15 M:20 Y:25 K:0

3
C:50 M:0 Y:25 K:15

视听室

视听室也是亮点之一，偌大的沙发及电视显示屏给了业主娱乐享受生活的一面。
深棕色的木栅墙面、水墨画地毯及花瓶丰富了整个空间，且体现了一种东方的
韵味，而桌上一盆蝴蝶兰立刻将空间柔软起来。

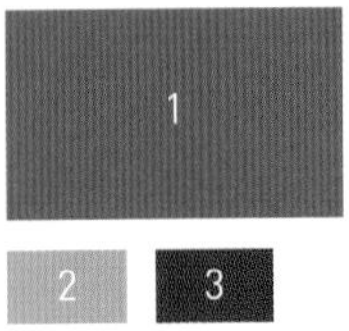

1

C:55 M:60 Y:70 K:0

2

C:30 M:30 Y:30 K:0

3

C:70 M:70 Y:70 K:30

书房

一层与负一层都是书房，这是设计师特别考虑的，同时也是业主对此非常满意的。负一层的书房以收藏、画画等休闲为主，而临近主卧的书房则以工作为主，书房的陶器及装饰品都是经过设计师精心挑选的，比如负一层竹简表达了现代人对历史的追随，一层书房地面完整的一张牛皮地毯，价值不菲，为其表达了一种品质感。

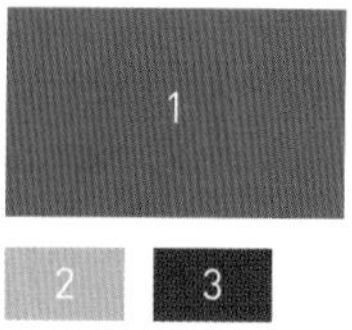

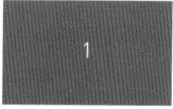

1
C:55 M:60 Y:70 K:0
2
C:15 M:20 Y:10 K:10
3
C:70 M:70 Y:70 K:30

主卧

主卧以灰色为主基调,而床品以淡紫灰呈现,让整个空间显得柔和温馨。紫色给人的感觉似乎是沉静的、脆弱纤细的,总给人无限浪漫的联想,追求时尚的人最推崇紫色。床头一幅小鸟图似乎让生活静止下来,同时与床头的莲花灯结合表现了中式的韵味,而且也延续了客厅"水墨画"的意境,当然主卧黑白摄影图挂画是为了让整个空间轻松时尚。

1
C:55 M:60 Y:70 K:0

2
C:90 M:75 Y:0 K:0

3
C:0 M:25 Y:65 K:0

儿童房

儿童房也非常的棒！由于是男孩房，而且小男孩喜爱飞机，深蓝色的床品表现了孩子的天真活泼，与柠檬黄的台灯进行撞色，展现了极强的跳跃性、灵动性。颜色构成：包括柠檬黄色、石灰色、湖水色或蓝靛色等。 颜色意义：清凉的柠檬黄，淡雅脱俗的石灰色，清澈透明的湖水色以及充满思考意味的蓝靛色，都着重的营造出一种明快感。置身其中，犹如漫步在林间，沉浸在盎然生趣的氛围中，视觉上更觉明亮清新。整个居室的愉悦、明亮及现代感也就表现无遗。

自然之味

「青木瓜之味」，
打造盛夏里的一室清凉

贵阳万科金域华府之青木瓜之味

项目地址：中国，贵阳
设计单位：李益中空间设计
设计师：李益中、范宜华、余霞
软装设计：熊灿、欧雪婷
摄影师：李益中空间设计
主要材料：白金沙大理石、硬包、古铜拉丝钢、白色
聚酯漆

本案的设计灵感来源于电影《青木瓜之味》。设计师说，电影中"盛夏里的一室清凉，炎热中的满眼碧绿"让他印象深刻。蓝绿，被当作空间的基调，扑面而来的色彩，仿佛是夏日里的清凉，正如电影女主人公身上有一种纯洁通透，安静恬淡的气质，一如盛夏里的那份清凉。

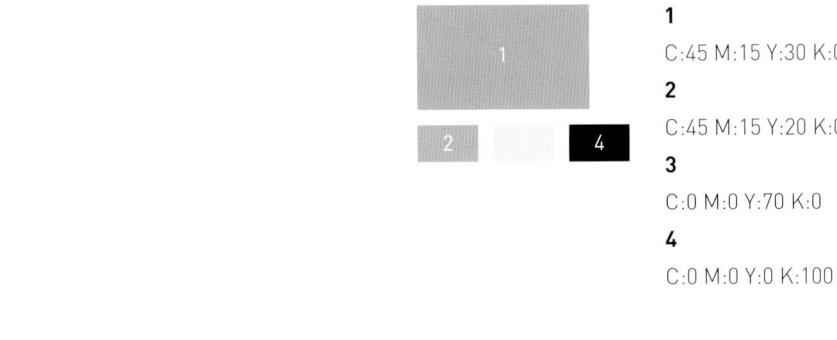

1
C:45 M:15 Y:30 K:0
2
C:45 M:15 Y:20 K:0
3
C:0 M:0 Y:70 K:0
4
C:0 M:0 Y:0 K:100

客厅和餐厅

蓝绿，被动当作空间的主色调，扑面而来的色彩，仿佛是夏日里的清凉。同时以沙发的白色和抱枕与插花的柠檬黄为装点，仿佛是青木瓜长在树上慢慢地流出白色汁液，人们仿佛嗅到了木瓜的清香。更加隐喻了电影女主角的安静、纯美、清新，不事声张。餐厅面积较小，色彩延续客厅的基本色调，上方的吊灯为空间增添了高贵气质。

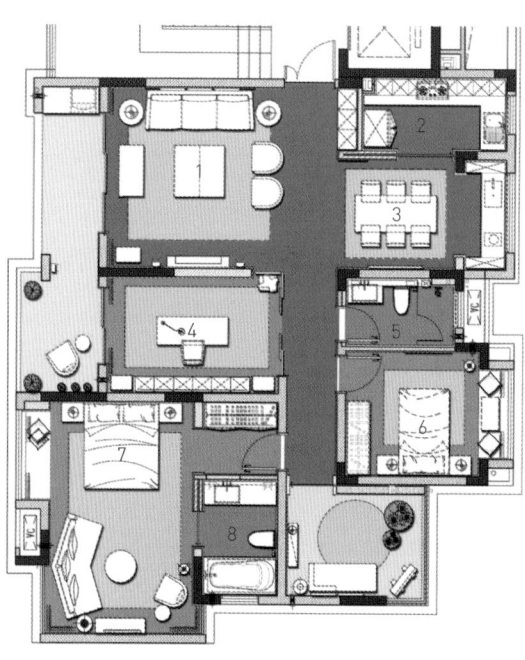

平面图

1. 客厅
2. 厨房
3. 餐厅
4. 书房
5. 次卫生间
6. 儿童房
7. 主卧
8. 主卫生间

1

C:45 M:15 Y:30 K:0

2

C:50 M:0 Y:20 K:55

3

C:0 M:13 Y:75 K:0

4

C:70 M:70 Y:70 K:30

卧室

卧室的陈设简单明快，房间的采光非常好。蓝绿色主调安静恬淡，而处处点缀的一抹柠黄，则带来清新且轻盈的夏日气息。安静的房间里听得见时间被偷走的声音。

1
C:25 M:9 Y:70 K:0
2
C:15 M:60 Y:50 K:0
3
C:70 M:70 Y:70 K:30

儿童房

儿童房虽然也使用了一部分恬淡的蓝绿色，但是为展现孩子的天真与顽皮性格，设计师在空间中更多地运用了淡粉、橙红、乳白等活泼的色彩及装饰物，令整体空间更加活泼有趣。

自然之味

摩登雅居彰显时尚魅影

港铁荟港邸白地样板间

项目地址：中国，深圳
项目面积：85 平方米
设计单位：SCD(香港) 郑树芬设计事务所
设计师：郑树芬，杜恒，丁静
摄影师：SCD(香港) 郑树芬设计事务所

舍弃过往流于表面的时尚演绎方式，转而以相对低调的风格与简约的轮廓来演绎本该具有的内涵。走进这套公寓，无论身处哪个空间，都能清晰地感受每个细节与整体空间之间和谐而统一的连贯性，无论是线条和廓形上的利落与严苛，还是从风格到色调，都一脉相承。懂得穿着的内涵是时尚最重要的，时装是一种态度，和谐的组合、色彩的搭配、产品的多样性反映了内在的品位与修养。由此延伸到家居设计上亦是，深入探寻内涵是最重要的，抓住核心来进行创造，不仅仅着眼于视觉建设，更诉诸对"时尚家居"的深度理解。

	1
	C:15 M:18 Y:22 K:0
	2
	C:55 M:60 Y:70 K:0
	3
	C:90 M:70 Y:0 K:0

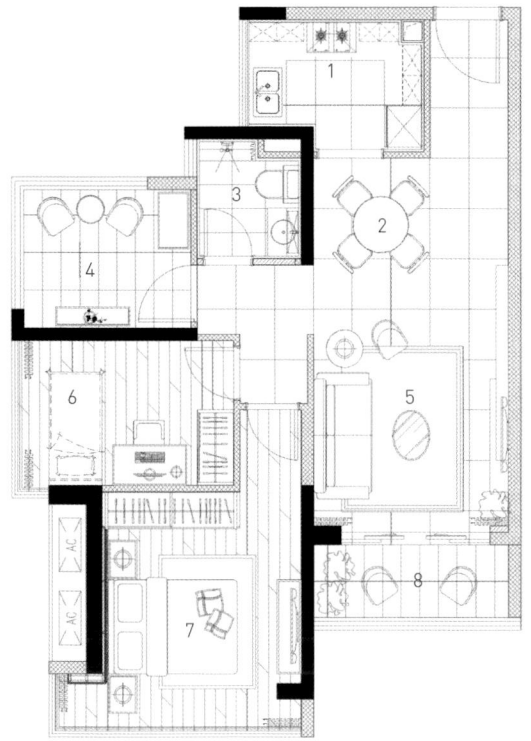

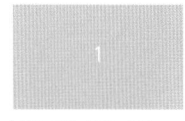

1

C:15 M:18 Y:22 K:0

2

C:55 M:60 Y:70 K:0

3

C:90 M:70 Y:0 K:0

平面图

1. 厨房
2. 客卫
3. 餐厅
4. 工作阳台及户外茶室
5. 客厅
6. 小孩房
7. 主卧
8. 阳台

客厅和餐厅

简洁而明净的开放式客厅、餐厅，墙体是时尚的浅灰色，当阳光从一侧的落地窗照射进来，室内白色的天花及地板及发显得时尚和谐。在浅灰色和白色的基础配色中加入少量的橘色和蓝色让整个空间鲜活起来。高贵中带着俏皮，颜色的量的运用极为重要。设计师在地毯及挂画上以抽象形式进行探索和革新，拥有不同寻常的魅力，让整个空间既摩登又包容，既个性又不乏深度。你不用走向时尚，我们让时尚走向你。

色彩是一种直接感化灵魂的力量，带有紫色调的群青色是空间的主题色，群青色是一个经典的家居设计的颜色。能添加房间的色调，可以让房间减轻装饰。群青色可以搭配蓝色、红色、粉红色和绿色色调。不同的颜色组合主要取决于你选择什么色调。群青色也能与中性色如黑色、灰色、白色、奶油色和灰褐色组合搭配。在对比色上可以选择橙色，比如在抱枕、地毯等一些装饰品上就能用橙色。整个空间既有无边际的浩瀚又有卓尔不群的高冷，时不时以绿色、金色、湖蓝色跳入视线，极具魅影的米兰时尚元素运用于其中。此时，你会发现连灯具的姿态都显得与众不同。

1
C:15 M:18 Y:22 K:0
2
C:65 M:100 Y:45
K:20
3
C:30 M:45 Y:50 K:0

卧室

卧室墙体和天花板仍然延续中性的白色、奶油色，床头和地面增添了华贵的紫，搭配中性的咖啡色床头柜和抽象图案的挂毯，以及金色的台灯和抱枕，呈现出华丽而又不失舒适感的休憩空间。

轻人文古典的调性

与自然和谐共存的设计理念营造轻人文古典

轻人文古典

项目地址：中国，内蒙古呼和浩特
项目面积：134 平方米
设计单位：北京王凤波装饰设计机构
设计师：齐天震
摄影师：方立明

此案在规划上，融入建筑大师弗兰克·劳埃德·赖特所主张的"与自然和谐共存"的设计准则，从内容概念、结构量体、软装形式的表现等，融入都会城市的流动秩序与山林悠闲的舒适快意。设计师经由每次旅行的体验，观察当地的民情、文化，与孩提时成长的记忆、经验，不断地接触、产生或大或小冲击后，对于媒材有了不同的诠释方式，借由不同的搭接手法以及材料的变化，展现出空间中最舒适的生活温度。退去流行的语汇，将其朴素的内涵，经由设计毫不保留地释放出来，与空间同感、与设计同调。

	1	3
	C:15 M:18 Y:22 K:0	C:70 M:70 Y:70 K:30
	2	
	C:25 M:60 Y:75 K:0	

客厅

利用斑驳衍生旧表情，结合新的媒材元素，糅进了淡雅素简的背景当中，为动线添入了视觉游赏的感受，成为视觉的焦点意趣。新古典样式的家具、艺术品的呈现，让整体氛围展现出融混的特色。为厅区设定了温暖又亲切的情调。配色主要以黑色或灰色和浅棕色或白色作为主打色。黑白可以营造出强烈的视觉效果，把近年来流行的灰色融入其中，缓和黑与白的视觉冲突感，这种空间充满冷调的现代与未来感，理性、秩序而专业。少量浅棕色的糅合，使色彩看起来明亮、大方，使整个空间给人以开放、宽容的非凡气度，让人丝毫不显局促。

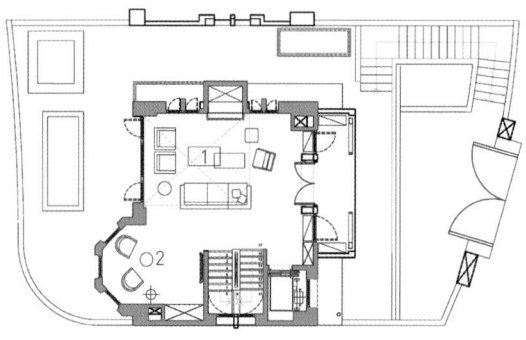

一层平面图

1. 会客厅 1
2. 会客厅 2

二层平面图

1. 厨房
2. 餐厅

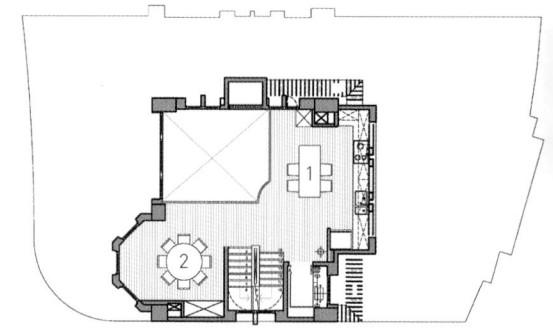

公共空间

公共空间由开放式交谊厅围塑出主要场域，其中，最具特色之处，则是将挑高二层楼高度的气势概念嵌入建筑当中，让长窗的尺度，将空间高度再次拉伸，延展出主要垂直动线，不仅让视线有了水平轴线的延展，更一举将视野与户外的自然景观连接，引述空间的垂直水平流畅的律动性，更透过线板单纯线条的层次，展现平面至立面至空间量体的立体转折，型塑出空间质感的张力。

1
C:15 M:18 Y:22 K:0
2
C:15 M:20 Y:10 K:10
3
C:25 M:60 Y:75 K:0
4
C:70 M:70 Y:70 K:30

1
C:15 M:18 Y:22 K:0
2
C:15 M:20 Y:10 K:10
3
C:70 M:70 Y:70 K:30

主卧和主卫

主卧空间利用清玻、实木线条围塑格状的介质表情，与楼梯界定，引导光线、视角的延伸、通透感受。进入主卫浴空间前，利用梳妆区与卧眠区域形成缓冲地带，仿制饭店式的设备，积极的表现出空间的典雅与适意。原木色加白色的经典配色体现出尊贵细致的简约风范，温和得如沐春风，平静的如闲适的湖面，同时又自然随意，挥洒自如，空间更显和谐，和风格样式相映生辉，体现出使用者的品位和素养。

第六章

质朴而精致

乡村风格设计是在室内空间中营造乡村的氛围。这种风格的室内设计会在家具、地面以及墙面上使用大量的自然元素。木材和石材是在家居环境中营造乡村风格的最常用的材料。但是当前，也有很多现代家居装饰风格，将现代主义与乡村风情结合起来。

现代乡村风格设计能将现代风格融入乡村小木屋或农舍风格，或者反过来，将乡村农舍风格融入现代家居环境中。现代乡村风格设计能让你的家居环境温暖宜人，同时又有现代的设备、家具和材料。设计这种风格的关键在于平衡。不能一种风格过多，另一种过少，而是要将两种结合起来，一次从一种风格中选择一种特色，直至达到你想要的效果。

现代乡村风格的室内设计在选择色彩时，可以考虑蓝色、森林绿、灰绿、日光黄、褐红色和温暖的深棕色等。柠檬色据说是促进食欲的色彩，是家具生产商的最爱。选择适当的颜色能有益于营造温暖的家居环境，关注油漆、织物和装饰元素的色调也有同样的效果。

墙面的颜色体现了房间的氛围。比如说，作为你乡村风格设计的一部分，你可以选择深色的护墙板或者是深色的装饰色。然后，你可以选浅色墙面漆与之形成对照，比如米黄色，能让整个房间显得更加阳光、明亮，即便家具是深色的。现在，乡村风格设计还可以选择很多新颜色，比如灰绿色和锈红色，更能凸显乡村风格，因为这些颜色能跟中性色调很好地搭配，为整个室内空间平添一抹亮丽的色彩。

说到这里，你可能已经意识到了，乡村风格不一定要选用地毯，相反，你可以使用天然木地板。预加工硬木地板能为房间增加特色，因为这样的材料更贴近自然，同时，又光滑又防水。你还可以在地板上使用各种小块地毯。整个房间要想体现出一种乡村的感觉，家具的选择非常重要。你可以避免使用棱角分明的家具，因为这样的家具会让房间看上去很现代。可以使用圆角的家具，看上去似乎还未完工的家具。长沙发和椅子可以选择中性色的。另外，还可以选择很实用的织物，比如皮革，很能体现乡村感。

如今，人们愿意用一些小的元素来凸显乡村风情。比如，你可以选用原木制造的灯具或者不同颜色的蜡烛。起居室如果想有些新意，可以使用毛毯或者跟家具形成对比色的抱枕。这些小元素能为你的乡村现代风格设计增加色彩对比。不论是别墅还是公寓，乡村风格的家居环境设计可以花样繁多，色彩丰富。乡村风格为很多人所喜爱，是因为它的风格灵活多样，可以根据不同的文化背景来变化。乡村风格的室内设计对那些眷恋过去、留恋温柔的美好时光和简单的乡村生活的人们，具有永恒的吸引力。

大胆配色

如果没有戏剧性的生活令你喜欢，那也就不必追求其他了。大胆的配色会让你的生活一下子就变得不同。将大胆的色彩及其相应配色相结合，你就可以轻松地创造出极具视觉冲击力的空间。

我们使用的色彩：

冬梨黄

白兰地红

农庄棕

不要害怕使用深色

深色的房间和墙壁会凸显空间中所有其他色彩。这种效果会令你吃惊。在房间中布置深色或大胆的装饰品也能达到相同的效果。

平衡配色

平衡的色彩令人感觉舒适。平衡配色可以包含不同的氛围和品位。可以从选用几种中性色开始，以此作为基础来展开配色。在这种背景色下，再加入焦点色，为空间注入生气。一旦一个房间的配色确定下来，其他房间要与之保持统一和平衡。

我们使用的色彩：

瀑布绿

独立金

烟玉红

家具的新功能

你可以尝试将各个房间的家具漆上同样的颜色，或者将书柜、衣橱或碗橱的内部漆成同样的颜色。要首先确认表面是可以上漆的，然后在处理之前，按照表面上漆的技术要求来准备。

精致配色

你是否会将你的家——或者是你家里的某些房间——视为自己心灵的庇护所？使用色调和饱和度相似的颜色，就可以很容易地营造出那种宁静平和的氛围。墙面、脚线、天花等处这样来配色，就能创造出抚慰人心的空间，让人感觉精神放松，同时又不失精致。

大胆配色
大胆即美

平衡配色
一切归于平衡

精致配色
深邃而精致

我们使用的色彩:

葡萄干黄

河岸黄

哥本哈根蓝

白色天花的反思

我们大部分人会将天花刷成白色。不管你信不信,如果将天花刷成与墙面相同(或稍浅)的一种或两种色调,会让空间感觉更宽敞。你可以试试看!

天然材料与灰色系的完美搭配

布拉格公寓

项目地址： 捷克，布拉格
项目面积： 180 平方米
设计单位： 安吉莉娜·阿列克谢娃室内设计公司
设计师： 安吉莉娜·阿列克谢娃
摄影师： 安吉莉娜·阿列克谢娃室内设计公司

项目所在的位置是正对维多利亚公园的阿博茨福德一处新的公寓。公寓入口有一处怡人的室内垂直花园。绿化墙面被青石包围，新旧元素的结合呈现别样美感。客户最大的愿望是在项目中使用自然砖石，它也成了室内空间的一个主要看点，同时室内装饰中还用到了木材、混凝土、石材等天然材料。设计中使用了深浅不一的灰色：草制壁布、窗帘和椅子。灯具和家具的表面均为白色。

	1	3
1	C:30 M:30 Y:30 K:0	C:70 M:70 Y:70 K:30
2 3	2	
	C:30 M:55 Y:50 K:0	

客厅

供客人活动的这个区域是公寓里面积最大的空间。客厅与餐厅和厨房相邻，后者由岛式餐桌相隔。客厅中使用的灰色十分温暖，与棕色的地毯和砖砌电视背景墙搭配和谐。色彩就如音乐，长笛和双簧管的搭配可能听起来有些怪异。但实际上，这个组合可以奏出协调优美的曲调。在这个空间里，新旧元素形成了令人愉悦的组合。砖墙和混凝土种植盆与精致的白色家具和暖调的棕色地毯搭配使用。

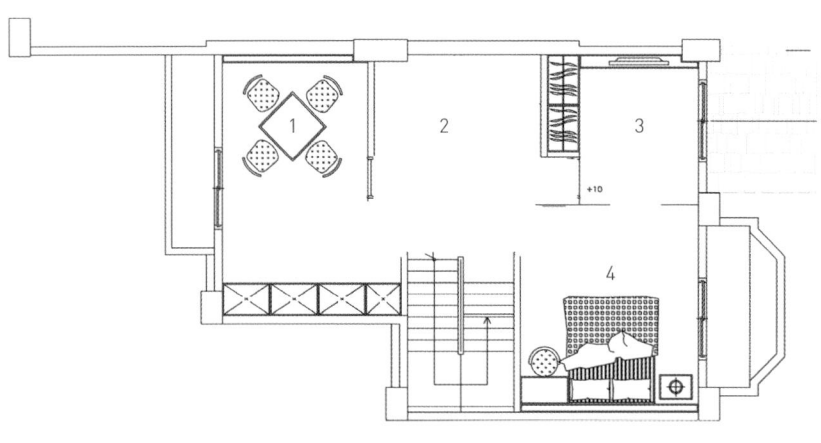

平面图

1. 餐厅
2. 客厅
3. 主卧
4. 儿童房

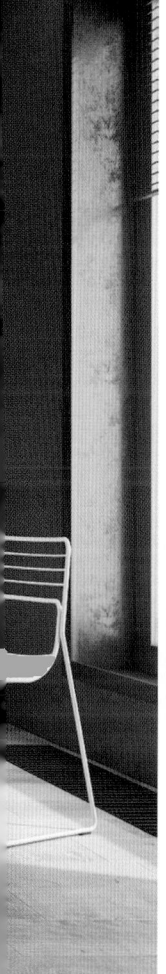

1
C:0 M:17 Y:39 K:20
2
C:40 M:30 Y:30 K:0
3
C:25 M:60 Y:75 K:0

1
C:30 M:30 Y:30 K:0
2
C:0 M:17 Y:39 K:20
3
C:25 M:60 Y:75 K:0

卧室和卫生间

灰色和黄色似乎是天生一对。许多人使用黄色有些犹豫，但其实黄色与灰色搭配效果很好。柔和的中间调灰色与黄色一起使用能够打造出活泼的空间氛围。

质朴而精致

1
C:90 M:70 Y:0 K:0

2
C:55 M:0 Y:10 K:0

3
C:0 M:17 Y:39 K:20

4
C:50 M:40 Y:40 K:0

儿童房

打造空间凝聚力的一个策略是挑选一个优雅的背景色。照明装置、甜美装饰品和大象、小熊玩具使得空间格外具有吸引力。地面到家具使用了各种暖色，白色床品在灰色的背景中十分显眼。

融汇温泉城

项目地址：中国，福州
项目面积：50 平方米
设计单位：福建品川装饰设计工程有限公司
设计师：郑陈顺、华淑云、陈孝遮
摄影师：福建品川装饰设计工程有限公司
主要材料：木饰面、罗曼蒂克灰大理石、青石、编织板、墙纸

这是一个兼容并蓄的空间，以新中式为底，勾勒出一个包容的空间。而包容之外，"雅""趣"二字是这个空间的灵魂。这样一个空间信步走来，不断有惊喜，从简洁中式配色，中式的庭院深深，到日式枯山水的意境，无所不有。

1	**3**	
C:25 M:60 Y:75 K:0	C:90 M:70 Y:0 K:0	
2		
C:15 M:18 Y:22 K:0		

客厅

在落地窗的一侧，客厅窗明几净，极简的颜色搭配，淡化了视觉上的冲击，却复苏了这个空间独特的干净气质。木色和白色的搭配为这个空间添上了自然的气息，而作为空间的主要装饰，一幅蓝色的大幅挂画成了空间颜色的回归点，画中的远山也很好的契合了这个空间的意境。在层高较高的情况下，设计师将地砖延续到墙面，让空间的感觉更加开阔，而竖版的挂画、电视背景墙和墙面装饰则强调了空间在纵向上的高度，让空间不减开阔大气。

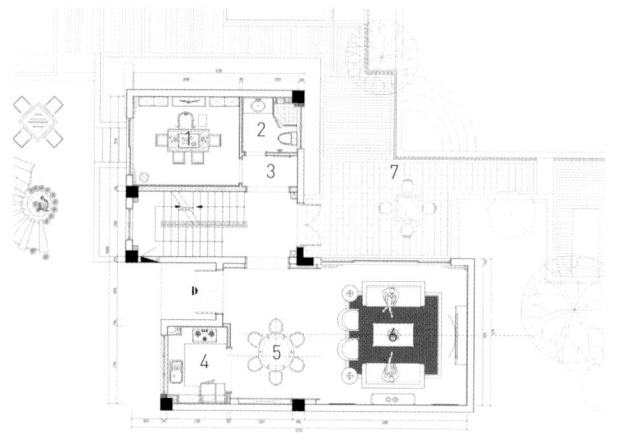

一层平面图

1. 茶室　　3. 过厅　　5. 餐厅　　7. 花园
2. 客卫　　4. 厨房　　6. 客厅

二层平面图

1. 长辈房　　3. 过厅　　5. 男孩房　　7. 次卫二
2. 次卫一　　4. 休闲阳台　　6. 娱乐区

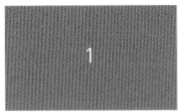

1
C:25 M:60 Y:75 K:0
2
C:15 M:18 Y:22 K:0
3
C:65 M:55 Y:55 K:0

休闲区

设计师把园林景观搬进了室内，借了日式枯山水的几分意境，打造出别具中国风味的室内景观。卵石如水，石材如汀，该空间的布局规划主要通过地面石材和卵石的铺设来完成，黑白交错间带着点不经意的趣味，让空间显得合理。最美的是"小汀"上的品茶区，一棵小树，一杯好茶，就是最悠然的日子。

1
C:25 M:60 Y:75 K:0
2
C:30 M:30 Y:30 K:0
3
C:90 M:70 Y:0 K:0

收藏室

原是定义为储藏空间，后升级改造成收藏室，用以体现主人的个人情趣爱好，审美趣味及价值观念。

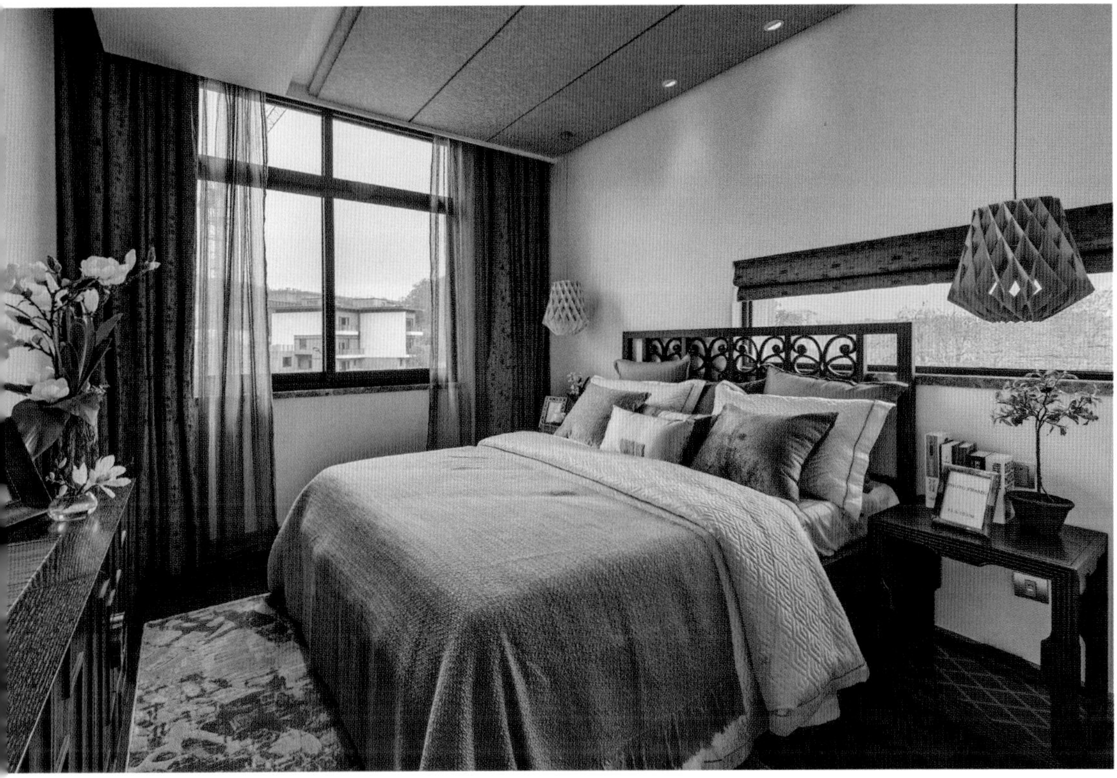

1
C:15 M:20 Y:10 K:10

2
C:13 M:40 Y:60 K:0

3
C:60 M:80 Y:80 K:40

父母房

父母房尝试了不同的风格，在色调上延续了整体的暖意，却在装饰上凸显空间的
性格，让空间和居住其中的人拥有更多的交流。

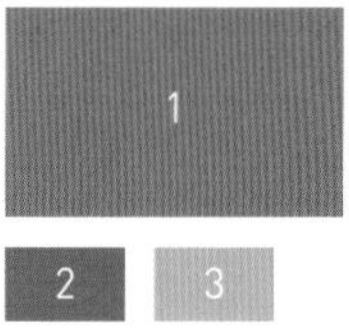

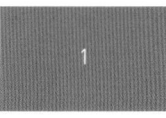

1
C:25 M:60 Y:75 K:0
2
C:80 M:50 Y:40 K:0
3
C:30 M:30 Y:30 K:0

主卧、主卫

深色木质天花板和简约的床头背景墙，给人一种很有质感的享受。中式架子床披上素雅的床单，一旁立着绿色植物，让人备感宁静。心静自然凉，住在这样的卧室中，浮躁的心情很快得到安抚。数个亮色系抱枕、挂画、装饰品，跳跃的颜色点缀在空间中，使其规避沉闷，更显得逍遥自在。

卫生间是一个晶莹透亮的空间，黑白大理石带着来自自然的简约和大气，采光的合理也让卫生间看起来更加洁净。

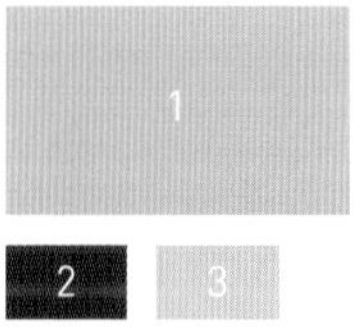

1

C:10 M:25 Y:50 K:0

2

C:60 M:80 Y:80 K:40

3

C:15 M:18 Y:22 K:0

衣帽间

细看衣帽间，透着一股儒雅之气，如绅士般友好。这里依旧保持木质色系，收纳空间对称相望，并然有序。从挂画、灯饰、座椅等配饰中，发现其简约顺畅的外观下，存有一份雅致。不禁想起那句：观手中便面，足以知其人之雅俗。

通过天然材料的质感与色彩
描绘空间的细节

新浦江城十号院

项目地址：中国，上海
项目面积：680 平方米
设计单位：壹舍设计
设计师：方磊、朱庆龙、黄大康、周莹莹、张齐、顾立光
摄影师：壹舍设计
主要材料：木皮染色、石材、拉丝古铜金属、皮革、马赛克、手绘壁布

本案的空间中将东南亚崇尚自然的特性通过石材、实木及藤条来表达，给视觉带来厚重感，而现代生活需要清新的质朴来调和。设计中采用的天然材料，让所有细节得以最好呈现。混搭着简约中式的次主卧和地下茶室，弥漫着现代轻奢主义的餐客厅以及极具现代设计感的炫酷车库。每一扇门的背后都是一个全新的世界，整个空间蕴藏着一股难以言明的空间气息，或东方，或异域，但远离喧嚣，回归自然，里外一致，置身于谧。

1

C:55 M:60 Y:70 K:0

2

C:50 M:60 Y:40 K:0

3

C:30 M:35 Y:30 K:0

玄关、客厅

从庭院步入正门是玄关区域，由两扇金属花格暗门作为主背景墙，两侧搭配别致的吊灯，空间中流淌怡然的气息。设计师很会玩视觉陈列和空间的元素的混搭。他一直用自己敏锐而独特的眼光令其作品独具风格。新贵别墅拥有客厅6米的双层挑高，彰显了别墅的空间气势。大面积咖啡色搭配灰色营造空间品质感。些许的金属色点缀，让客厅简洁之余富有现代感和设计感，视觉上别具匠心。自然的气息扑面而来，为主人提供尚佳的接待空间。置身其中，能感受到设计师的态度和美学都充满了张力，每一个细腻之处无不体现都市新贵们的格调与品位。

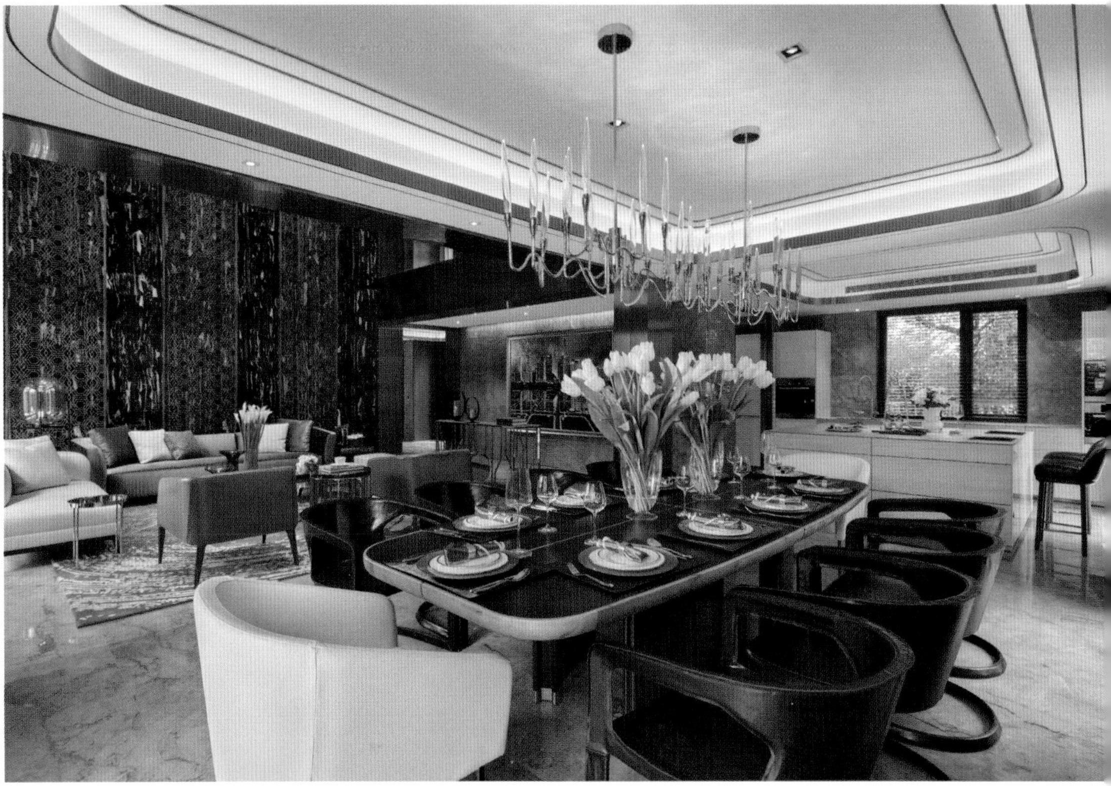

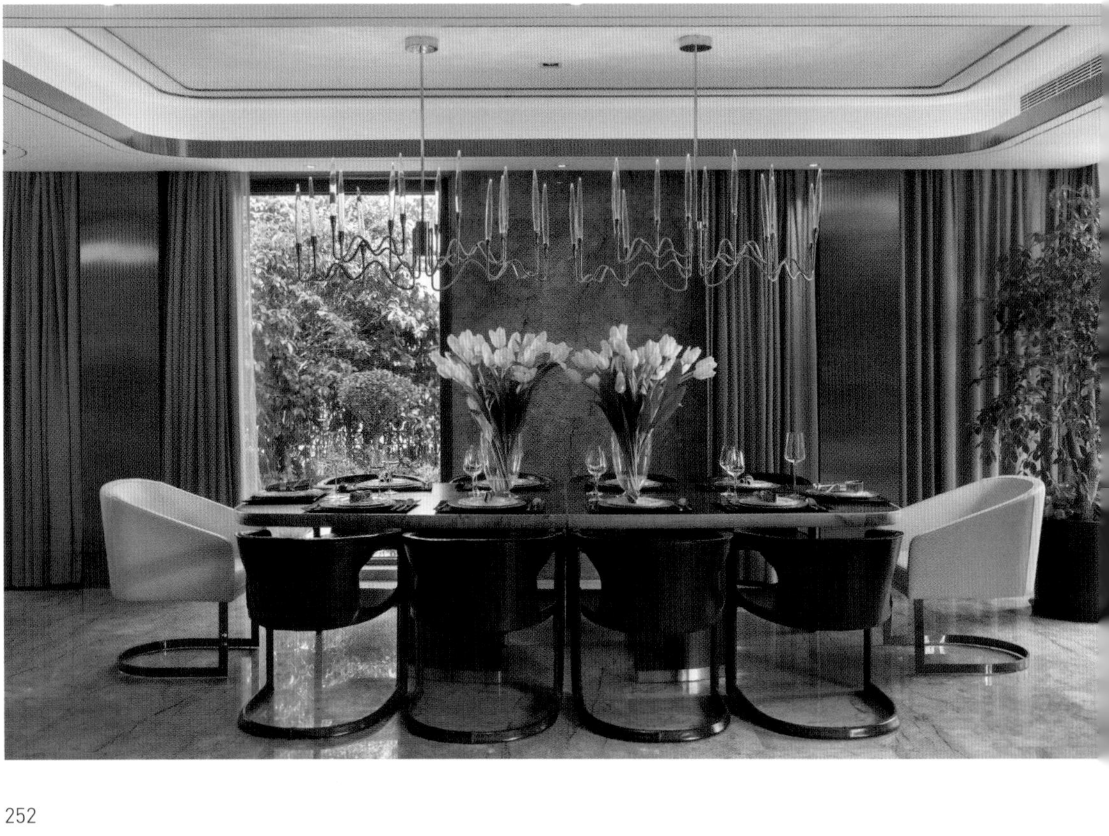

二层平面图

1. 中空
2. 主卧
3. 步入式衣橱
4. 浴室
5. 休息区
6. 钢琴房
7. 卧室 1
8. 浴室 1
9. 卧室 2
10. 浴室 2

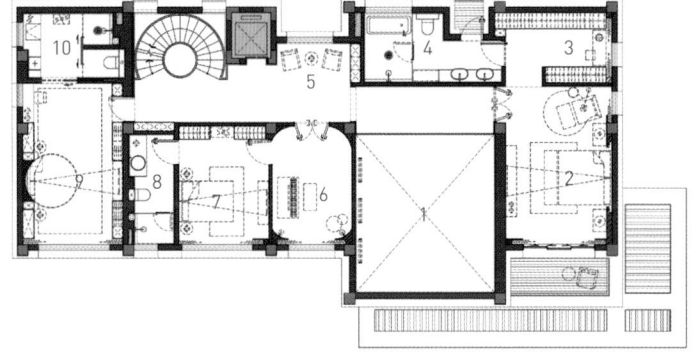

1

C:55 M:60 Y:70 K:0

2

C:25 M:60 Y:75 K:0

3

C:15 M:18 Y:22 K:0

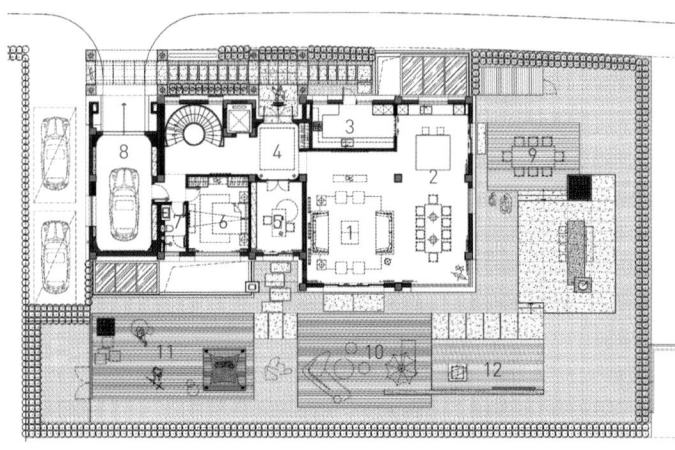

一层平面图

1. 起居室
2. 餐厅
3. 厨房
4. 门厅
5. 书房
6. 客卧
7. 浴室
8. 车库
9. 户外用餐区
10. 户外娱乐区
11. 儿童游乐区
12. 宠物天堂

餐厅

餐厅与中西厨的设计以硬朗轻盈的线条感凸显出经典与现代的交织，当葡萄丹宁酸味、胡椒味、果味、淡香草味，甚至皮革味浑然一体袭击嗅觉时，使就餐氛围提升到极致。

1
C:15 M:18 Y:22 K:0
2
C:30 M:60 Y:60 K:0
3
C:55 M:60 Y:70 K:0

楼梯

纵向空间由一道弧形楼梯连接，楼梯区域皮革的应用与古铜色扶手互为搭配，让整个楼梯的曲线更为灵动。楼梯中间散落分布着 Bocci 的吊灯，与旋转的动线交相呼应。

家庭室

位于地下一层的家庭室以沉稳大气的灰色为主基调，搭配冷艳的云杉绿、璀璨的古铜色和咖啡色皮质单椅，无不展现了空间的华贵。

"酒使人心愉悦，而欢愉正是所有美德之母"。这是伟大的歌德的表白，同时象征着生活品位和生命激情的顶级红酒也是新贵们的日常生活元素。好友派对加上顶级的红酒一如巅峰的人生，沉静中深蕴激情，醇正而回味悠长！

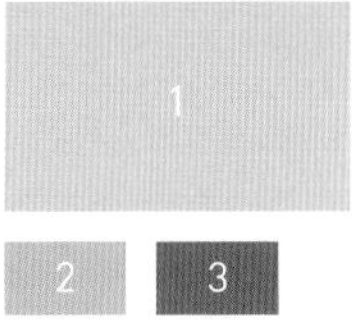

1
C:15 M:18 Y:22 K:0
2
C:45 M:14 Y:8 K:0
3
C:55 M:60 Y:70 K:0

1
C:15 M:18 Y:22 K:0
2
C:30 M:45 Y:50 K:0
3
C:70 M:70 Y:70 K:30

老人房、男孩房

2 楼的老人房以素雅的色调，配合现代的设计手法，将背景墙的手绘壁布突出，摒弃繁杂琐碎的负重。

男孩房以暖色硬包为主，个性时尚，空间中的饰品增添童趣，而个性的玩具更从视觉上提升了空间的多元化。卫生间几何美感的 BISAZZA 黑白马赛克与幽微神秘的金属古铜交融碰撞，一目了然的都是经典设计元素。

质朴而精致

1
C:15 M:15 Y:25 K:0
2
C:70 M:35 Y:0 K:0
3
C:60 M:80 Y:80 K:40
4
C:30 M:18 Y:0 K:40

主卧、主卫

3 楼的主卧延续温馨时尚的基调，自然光为卧室增添了几分温暖，并让这里的色彩多了层次的变化。落地窗外即是露台花园，满眼的绿色簇拥着居所空间，置身其中，生活变得简单而充实。

主卫通过硬朗的轮廓线条，勾勒出现代居家生活的艺术。怡人的景致环抱着纱幔飘逸的露天浴缸，感觉如同置身于大自然当中，徜徉在旷野之间，一场放松身心的沐浴，时光就真的慢了下来。

将电影元素巧妙用于空间氛围的营造

博物馆奇幻夜

项目地址：中国，呼和浩特
项目面积：80 平方米
设计单位：北京王凤波设计工作室
设计师：杨昕
摄影师：恽伟

设计师从影片《博物馆奇幻夜》中汲取灵感，使用化石标本、中世纪武士盔甲以及黑白照片等元素，创造出了一个别具一格的 LOFT 样板间。通过金属色、银色、蓝色、黑色、白色、原木色等打造出空间的质感。

1
C:8 M:5 Y:25 K:0
2
C:0 M:45 Y:95 K:0
3
C:60 M:80 Y:80 K:40

客厅

走进客厅，最引人注目的就是桌子上各种化石标本的造型以及墙角一具全身盔甲的金属装饰。本来风马牛不相及的各种装饰品，在设计师的巧妙搭配下，形成了和谐的室内环境，营造出高品位的空间设计。设计师利用客厅的两个窗户，又做出了两个阅读休息区，使原本鸡肋的空间变成了亮点。

1
C:15 M:15 Y:25 K:0

3
C:40 M:30 Y:30 K:0

2
C:70 M:35 Y:0 K:0

一层平面图

1. 休闲区
2. 客厅
3. 卫生间

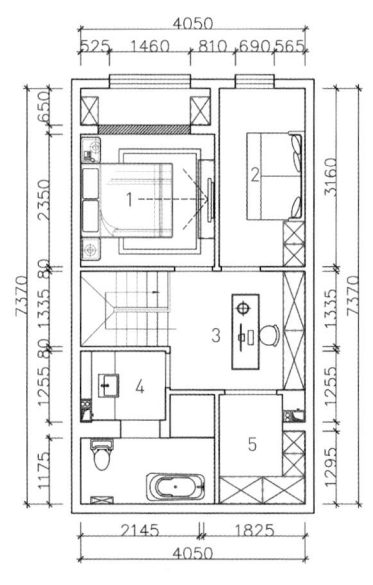

二层平面图

1. 卧室
2. 儿童房
3. 书房
4. 卫生间
5. 衣帽间

1	3
C:15 M:15 Y:25 K:0	C:60 M:80 Y:80 K:40
2	
C:0 M:17 Y:39 K:20	

厨房、书房

客厅旁边则是银色烤漆开放式的厨房，蓝色印花墙砖使纯色的墙面增添了趣味性，与木质同色椅子及沙发相呼应。开放式厨房的设计样式，便于与客厅的客人及家人方便交流，形成温馨和谐的家庭氛围。实木红白橡木楼梯相间与抽象印花壁纸连接了上下层空间，起到承上启下的作用。

书房位于通道的旁边，是原本非常不好利用的空间。设计师利用造型独特的家具，巧妙地回避了空间的不足，反而让人有耳目一新的感觉。

质朴而精致

1
C:45 M:14 Y:8 K:0
2
C:8 M:5 Y:25 K:0
3
C:60 M:80 Y:80 K:40

1
C:45 M:14 Y:8 K:0
2
C:85 M:70 Y:30 K:0
3
C:60 M:80 Y:80 K:40
4
C:0 M:90 Y:90 K:10

卧室和儿童房

在卧室和儿童房的处理上，设计师都使用了非常有特色的立体式条纹壁纸和卡通印花壁纸，这种装饰手法既创造了很好的装饰效果，又不占用宝贵的室内空间，是样板间最常见的装饰手法之一。

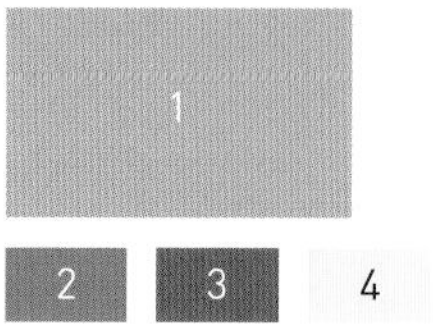

1
C:0 M:17 Y:39 K:20
2
C:70 M:40 Y:20 K:0
3
C:55 M:60 Y:70 K:0
4
C:0 M:0 Y:70 K:0

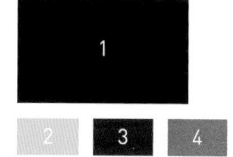

1
C:0 M:0 Y:0 K:100
2
C:0 M:13 Y:75 K:0
3
C:0 M:90 Y:90 K:10
4
C:50 M:40 Y:40 K:0

主卫、次卫

在二楼的主卫设计方面，仿古印花地砖与印花墙砖相统一，地中海风格的立柜用于放置洗浴用品，白色木质墙裙起到防水效果。

而设计师在次卫的处理上，可谓匠心独具，红黄相间的印花瓷砖、吊顶以黑色涂料为背景，丙烯颜料点缀的花纹样式在纯白的空间内增添了亮点，独特的摆放方式，向参观者传达了另一种生活方式的可能，从而起到激发购买欲望的目的。

源于戈尔德的法式乡村

港铁法式乡村住宅

项目地址： 中国，深圳
项目面积： 139 平方米
设计单位： SCD（香港）郑树芬设计事务所
设计师： 郑树芬，杜恒，陈洁纯
摄影师： SCD（香港）郑树芬设计事务所

法国南部典型的中世纪小村——戈尔德被喻为"天空之城"，从宗教战争起一直保持着平和、简单的生活方式，远离喧嚣浮华的生活态度一直被延续至今。戈尔德的每个角落都流露着原始的味道，散发出古朴、厚实的质感。设计师将这种法国特质浓郁的宁静美好融入设计中，造就朴实无华的生活空间。

本案最具特色之处，就是精致的设计细节与天然材料的和谐融合，因而带出一个舒适自然的居住环境。这里真切地造就了法式乡村所强调的宁静与悠闲，轻松舒适的环境氛围引人回归朴素雅致的本真生活。

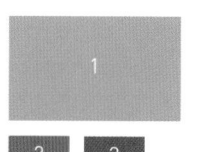

1
C:30 M:35 Y:30 K:0

2
C:55 M:60 Y:70 K:0

3
C:50 M:0 Y:20 K:55

客厅

客厅以木褐色为主色调，线织纹理的磨砂墙纸覆裹着客厅的墙壁；青木色厚麻布质感窗帘、人字形实木复合地板，勾勒出天然朴素雅致的空间气质。富有光泽的牛皮棕色沙发、米色粗麻布面沙发与橄榄绿布面提花单人沙发相组合，造就了质感和色彩丰富的混搭效果。明媚多彩的花簇将法国南部旖旎的乡村气息引入空间，点亮了空间的整体色彩搭配，由内而外地散发着法国乡村风情的气质。

平面图

1. 阳台
2. 厨房
3. 户外品酒区
4. 餐厅
5. 客卧
6. 主卫
7. 客卫
8. 主卧室
9. 客厅
10. 儿童房
11. 景观阳台

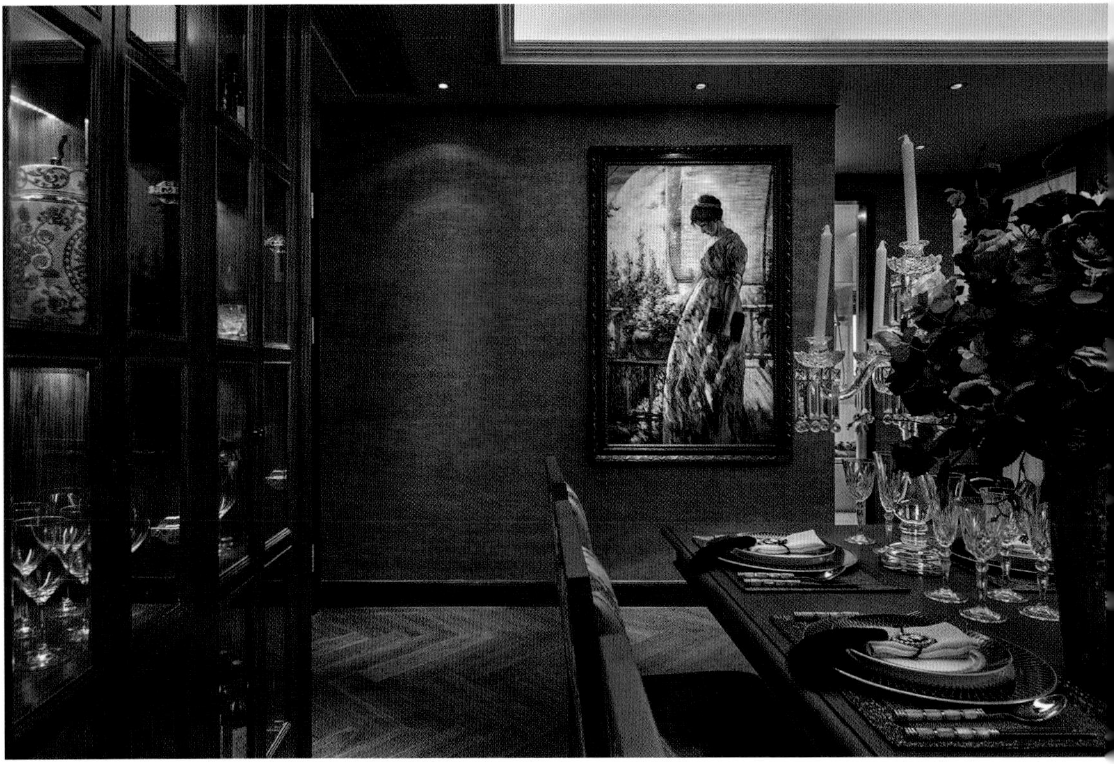

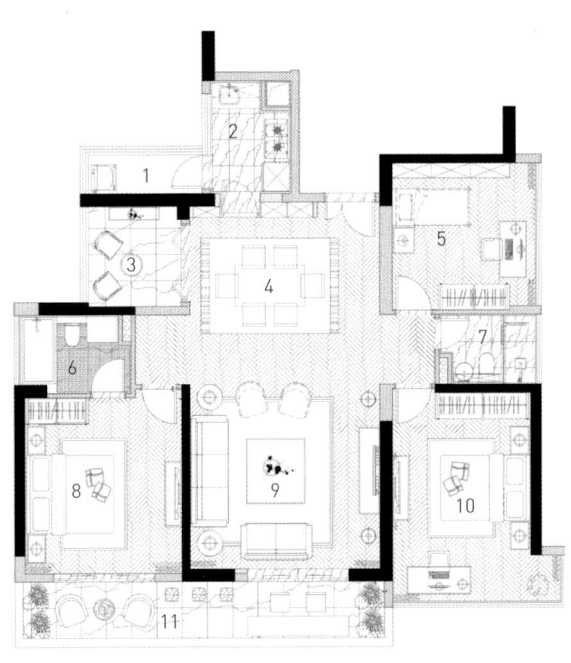

1

1
C:45 M:65 Y:75 K:0

2
C:15 M:15 Y:25 K:0

3
C:80 M:55 Y:0 K:45

餐厅

餐厅摆放着的木制餐桌，造型简单、线条直接，原生态的纹理烙印着岁月流转的痕迹，木质餐椅则增加了绸面提花的细节，同种材质的原生态木柜在各个功能空间也能觅得踪影。由厨房推拉门演变而成的红木红酒柜及高脚杯型水晶灯，让餐厅多了一分雅致情调。

1

C:15 M:18 Y:22 K:0

2

C:70 M:40 Y:20 K:0

3

C:45 M:65 Y:75 K:0

主卧

主卧的每个细节都值得细细品味，流行于路易时期的经典法式印花棉布出现在床品、床头软包、床尾凳上，地毯的图案及蓝青色调与此相呼应；墙面上的大幅挂画恬淡轻柔，符合卧室温馨浪漫的气质，摆饰、细节上的贯通让整个主卧色彩饱满而和谐。

2 3

1
C:9 M:8 Y:20 K:0
2
C:70 M:40 Y:20 K:0
3
C:45 M:65 Y:75 K:0

儿童房

淡黄色的条纹墙纸给儿童房带来活力朝气，运动元素的融入塑造了小男孩活泼好动的鲜明个性。色调清淡的花卉床品为次卧带来清新之感，加入橙色的点缀，让空间更明朗。

质朴而精致

第七章

柔和宜居

柔和风格是一种温暖的、令人放松的室内设计风格,通过绸缎、花纹或者柔和的配色赋予感官美的享受。这种风格主要在于氛围的营造:阳光穿过透明的窗帘,使用柔软的床上用品或者选用柔和的色彩。如果你喜欢沉思、瑜伽或者其他安静的活动,那么你可能会被柔和色调的家居环境所吸引。柔和、暗淡的色调能营造静谧的视觉空间和沉静的室内氛围。阅读接下来这一章,你会知道如何为卧室、客厅等空间选择柔和的色彩。此外,浏览我们的配色方案可以帮助你选择适合你的那一种。柔和的色彩就是色卡上那些比较暗淡的颜色。通常,这些颜色会受到忽略,因为在相近色中,那些鲜艳、强烈的颜色吸引了我们全部的注意力。然而,这些暗淡的色调却不应该仅作壁上观。跟其他的柔和色彩相搭配,它们能营造出浪漫、明亮的空间。比如,淡紫色、奶白色和淡粉色,就是很清新甜美的搭配，能将最阴暗的房间点亮。你也可以将柔和的色彩与强烈的色彩搭配使用，因为对比效果能让这两类颜色都更生动。比如，薄荷色用在孔雀蓝的背景之下。

柔和的色调看起来就像是在白漆里浸泡过，这也相当于给了你一个提示：如果你用了一种你觉得色彩过于强烈的油漆，可以不断加入白漆来调节，直到得到你想要的柔和色调。

色彩选择

1. 卧室柔和色彩

对于卧室这种舒适、安静的空间，适合使用浪漫的紫色和粉色。为了不让颜色过于沉闷而让人昏昏欲睡，可以加入强烈的黑色，比如黑色四柱床和梳妆台搭配粉色墙面；或者黑白花纹的被套搭配淡紫色床单。如果希望窗子成为一个设计焦点，可以选用较为强烈的颜色，比如紫红色或者木槿色，用于窗帘或百叶窗。

对于较小的主卧而言，你可以使用比较浅的色调，比如偏粉色的红，或者床后面单独一面墙用红色而其他墙面用奶油色。如果是较大的主卧，你可以使用深色，比如深红色（褐红或者锈红），这会为你的卧室设计赋予一丝浪漫的气息。

2. 客厅柔和色彩

柔和的色调是宜居的颜色，柔和色调营造的安静环境非常适合待客的空间，因为在这里，你需要让人成为焦点。对客厅来说，像烛光色、蜜色和奶油霜色这样的色调是中性而温暖的。墙面和地面都可以使用这样的色调，再用驼色沙发，形成时髦的单色配色。如果你想用更多的色彩，可以增加蓝色，比如海玻璃或者矢车菊的蓝，用作椅子的颜色。

3. 餐厅柔和色彩

餐厅需要刺激食欲，而柔和的色彩可以为此营造完美的低调背景。食物是主角，柔和的色彩不会喧宾夺主，清冷的反光还能衬托肤色。桃粉、金银花和鸽子灰是效果优雅的绝佳搭配。可以在墙面以及上下护墙板上使用蜜桃色，营造双色调搭配。而灰色，可以选择一盏拉丝镍吊灯，再展示一系列银色的收藏品，比如烛台和浅盘。

4. 厨房柔和色彩

柔和的蓝色和绿色是厨房中非常受欢迎的色彩，尤其是因为这两种颜色能跟现代、传统以及各种风格融合的橱柜设计完美搭配。墙面的颜色，可以使用浅绿色，搭配现代、光洁的白色橱柜；浅淡的殖民地蓝可以搭配传统的淡棕色或樱桃红色橱柜；淡草绿色或淡青色搭配独特的环境。橱柜上漆的颜色选择，可以全用柔和色调的棕褐色或灰色，这样的颜色跟各种材料的台面都能搭配。

5. 卫生间柔和色彩

卫生间应该让人感觉干净清新，可以尝试使用柔和的嫩草绿。墙面漆的颜色可以用芦荟绿、黄瓜绿、莲叶绿和青柠绿，虽然浅淡，但是会让空间显得很有活力。选择其中的一种，搭配亚麻白的瓷砖、明媚的黄色毛巾以及颜色浅淡（比如竹子色）的盥洗台。

6. 玄关柔和色彩

柔和的色彩能让你家的玄关更温馨。在颜色的选择上可以参照玄关周围的空间。像淡褐色、淡粉色和亚麻色这些色调会很温暖，而淡蓝色和灰绿色则会感觉很宁静。如果玄关处有大量的自然光照，比如说有玻璃门或者从旁边能射进足够的光线，那么，使用柔和的色彩能让空间显得更加空灵缥缈。

颜色搭配

1. 自然色搭配柔和色。大自然的色彩是空间配色中营造温馨浪漫感觉的绝佳选择。墙面可以选择浅淡的色彩，再搭配一些色彩鲜艳的织物，能赋予空间一丝浪漫的气息。深色的色调，比如深棕色和深紫红色，能进一步凸显浪漫的氛围，而奶油色、米黄色和亚光橄榄绿能点亮空间氛围。

2. 冷色搭配柔和色。冷色调能赋予空间一种宽敞、通透的感觉，比如淡蓝色、亚麻白和淡紫色的墙面。宁静、轻松是营造浪漫氛围的最佳选择。此外还可以选择条纹墙纸，白色和非常浅的蓝色或紫色条纹相间，但是要避免饱和的冷色或者细条纹，会让人感觉忙乱，破坏浪漫的感觉。

即使柔和风格的家居设计会有许多女性化的元素，但那并不意味着它不适合男性。你可以在设计中加入男性的元素，比如条纹织物、厚重的椅子或者深色的木质摆件，就能平衡男性和女性的浪漫感受。余颢凌设计工作室设计的"门前"项目就是这种方法的绝佳案例，使用了深色木质家具和简单、柔和的配色。

大胆配色

如果没有戏剧性的生活令你喜欢，那也就不必追求其他了。大胆的配色会让你的生活一下子就变得不同。将大胆的色彩及其相应配色相结合，你就可以轻松地创造出极具视觉冲击力的空间。

我们使用的色彩：

水仙黄

鲜花粉

胡椒灰

大胆配色
大胆即美

平衡配色
一切归于平衡

精致配色
深邃而精致

平衡配色

平衡的色彩令人感觉舒适。平衡配色可以包含不同的氛围和品位。可以从选用几种中性色开始，以此作为基础来展开配色。在这种背景色下，再加入焦点色，为空间注入生气。一旦一个房间的配色确定下来，其他房间要与之保持统一和平衡。

我们使用的色彩：

蓟褐

必备灰

安息绿

精致配色

你是否会将你的家——或者是你家里的某些房间——视为自己心灵的庇护所？使用色调和饱和度相似的颜色，就可以很容易地营造出那种宁静平和的氛围。墙面、脚线、天花等处这样来配色，就能创造出抚慰人心的空间，让人感觉精神放松，同时又不失精致。

我们使用的色彩：

棕榈绿

现实米黄

可爱粉

山顶公寓

明快配色打造奢华新空间

项目地址： 加拿大，不列颠哥伦比亚
项目面积： 600 平方米
设计单位： PURE Design 设计公司
设计师： 阿米·麦凯
摄影师： PURE Design 设计公司

项目的委托人是由夫妇和两个年幼孩子组成的小家庭。丈夫是一位牙齿矫正医师，妻子是一名牙医。他们希望在家中打造出"奢华酒店的感觉"。设计师以此为出发点，对整个公寓进行了设计。

设计师在项目中使用了许多明快的马卡龙色。考虑到丈夫是印度裔，设计师也希望在设计中融入一些印度元素。

	1	3
	C:55 M:60 Y:70 K:0	C:60 M:15 Y:0 K:25
	2	4
	C:30 M:30 Y:30 K:0	C:10 M:70 Y:0 K:0

客厅

委托人很喜欢粉色地面与少量密歇根湖色形成的反差。孩子们也从中获得了很多乐趣。
设计师运用蓝色突出粉色。天蓝色与粉色在色轮上位于正对的位置，是最好的互补色。
从心理上分析，二者也具有对应关系——蓝色代表平静、冷酷，粉色代表活力、温暖。

柔和宜居

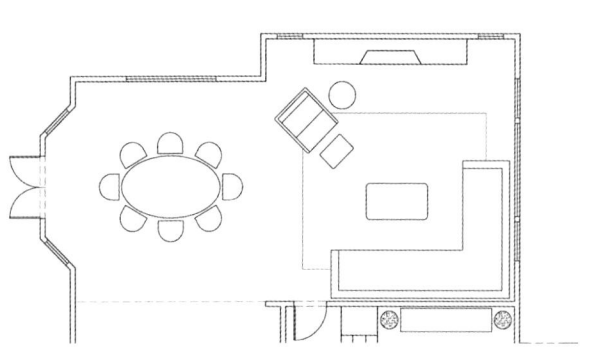

家庭活动室平面图

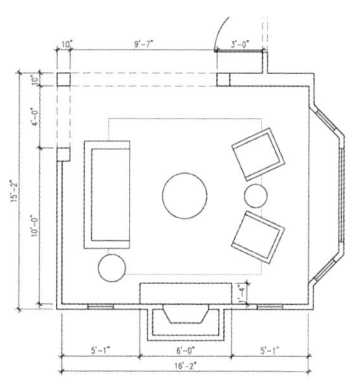

起居室平面图

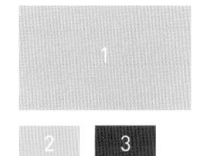

1
C:15 M:18 Y:22 K:0

2
C:0 M:13 Y:75 K:0

3
C:80 M:72 Y:0 K:0

客厅

黄色和紫色的互补搭配使用起来难度更大。亮度过高时，这个组合会显得花哨而混乱。然而在这间客厅的配色中，设计师通过使用大量的白色和奶白色达到了平衡。紫色和黄色的搭配激发出美妙的效果。如果没有明亮的黄色沙发椅的加入，紫色的椅子会让整个空间呈现忧郁的气氛。

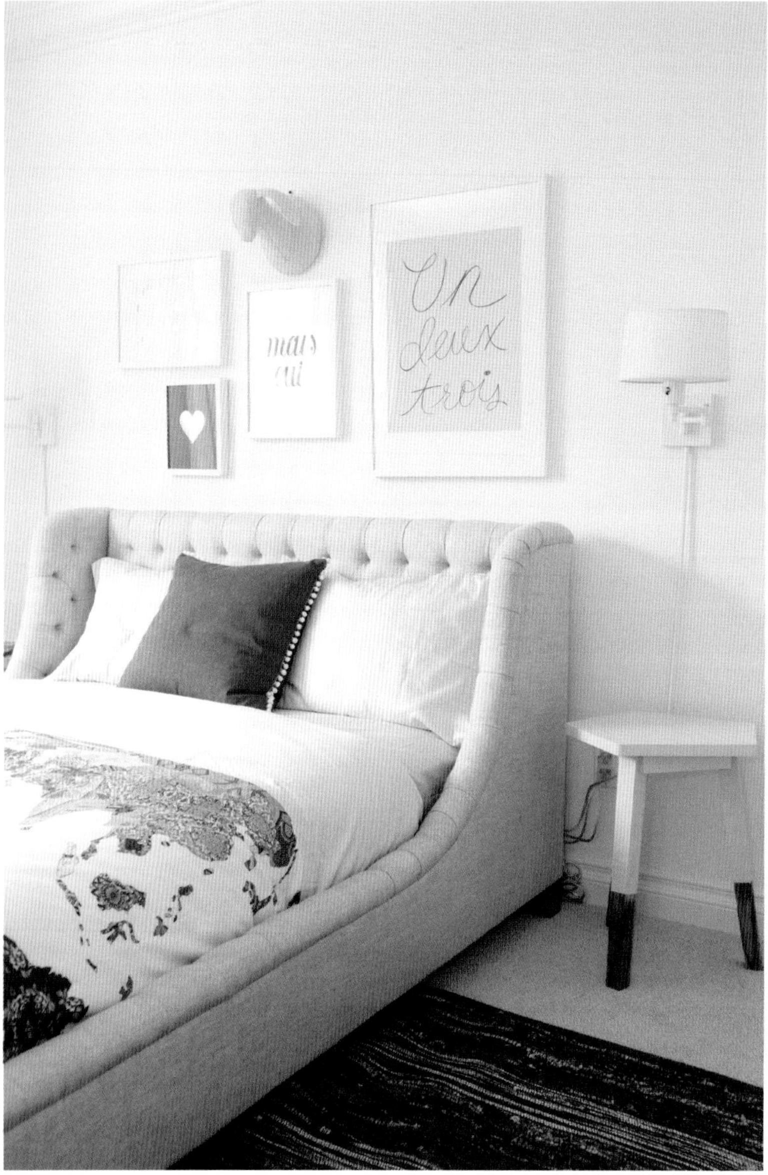

儿童房

这间卧室风度翩翩而又不失童趣，其配色让人想起海边拾起的漂亮贝壳。浅粉色元素搭配奶白色地面，与印花床品也同样呼应。

设计团队为整个项目选择了鲜明的配色方案，亮白色的使用为原有过渡空间带来了更强的现代感。贯穿始终的中性背景色使得明亮颜色与家具和艺术品更好地结合在一起。

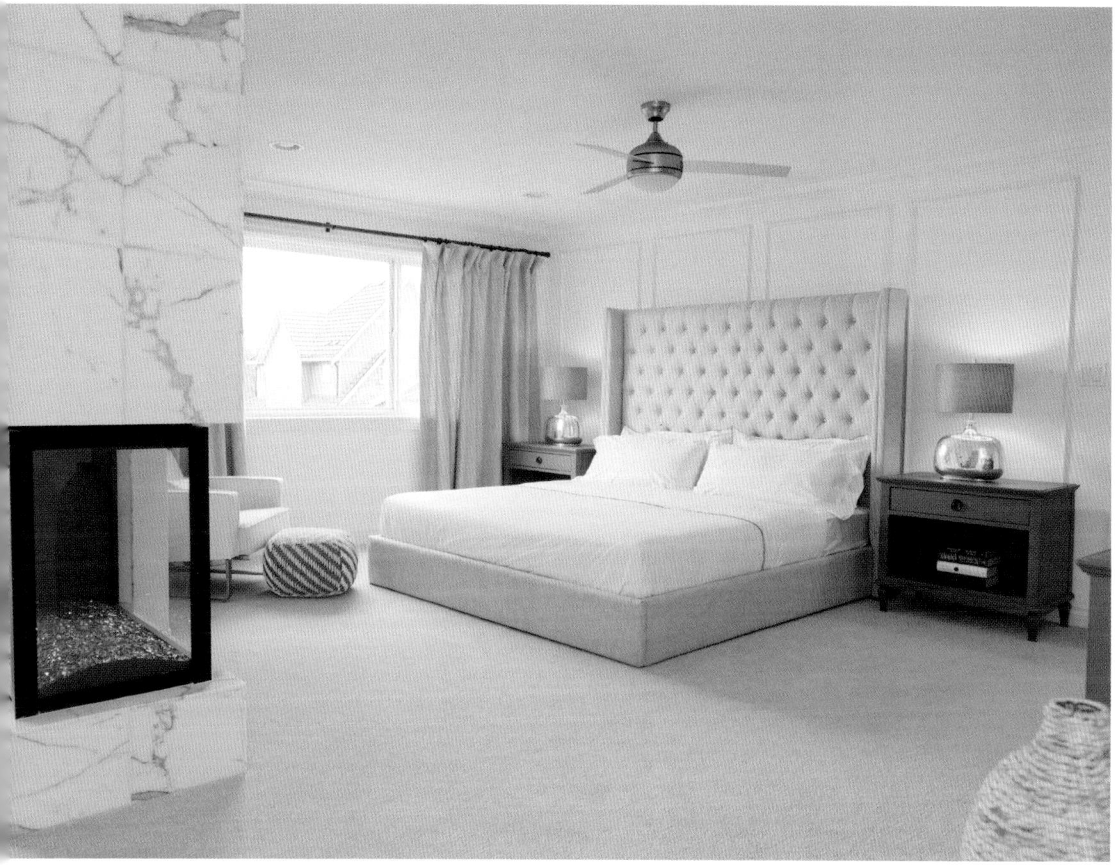

1
C:15 M:18 Y:22 K:0
2
C:0 M:15 Y:5 K:0
3
C:55 M:60 Y:70 K:0
4
C:0 M:0 Y:0 K:100

用明快色彩把小家变得活泼

伏尔泰公寓项目

项目地址： 法国，巴黎，阿斯尼埃
项目面积： 25 平方米
设计单位： Transition 室内设计公司
设计师： 玛尔戈·梅萨，卡拉·洛佩兹
摄影师： Meero 摄影

项目开始之际，业主便表示非常想要一个配备双人床的独立卧室。以这个概念为基础，设计团队打造出两个风格各异的房间，一个客厅以及一间卧室。色彩明快的装饰风格赋予设计更强的个性，也从普通的室内配色方案中脱颖而出。

客厅与卧室

二者之间的过渡设计使得进入室内的光线充足，同时仍然保留夜间活动区域的隐私性。
另外，设计师利用宜家收纳箱加高双人床，创造出更多收纳空间，这对于仅有 25 平方
米的单间公寓来说也并非可有可无。

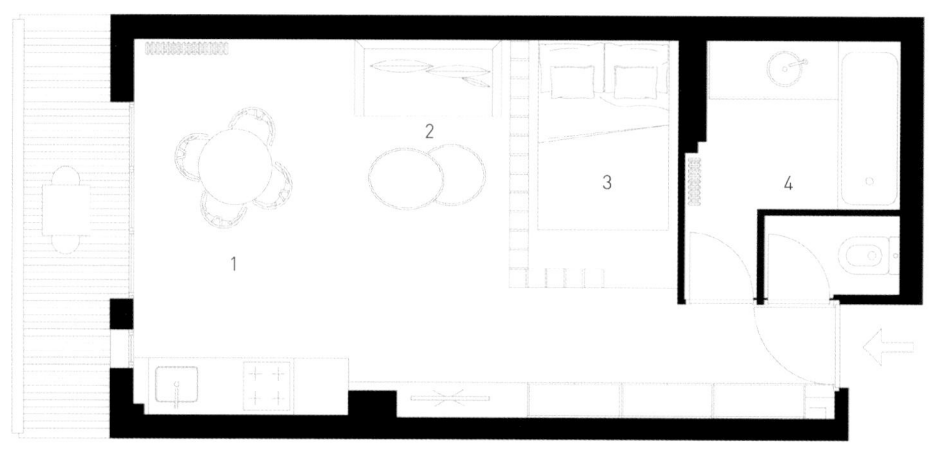

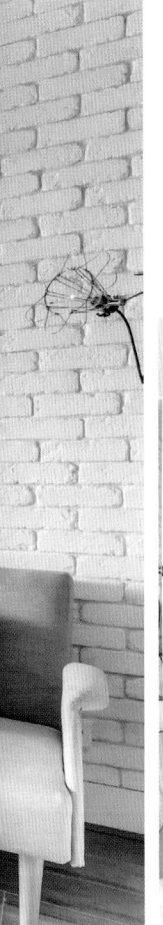

1
C:15 M:18 Y:22 K:0

2
C:0 M:0 Y:70 K:0

3
C:80 M:30 Y:30 K:0

4
C:25 M:60 Y:75 K:0

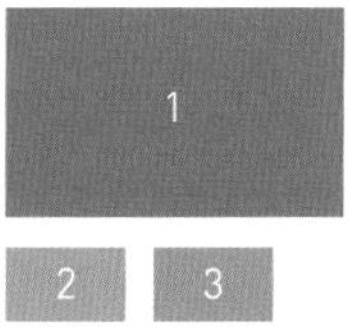

1
C:80 M:30 Y:30 K:0
2
C:30 M:30 Y:30 K:0
3
C:40 M:30 Y:30 K:0

其他功能区

家具的选择以北欧风为主，各个区域内的不同风格与配色分别对应。厨房中的几何图案餐具柜与蓝色墙面相呼应，同时也与卫生间以俄罗斯方块游戏为灵感的白色石质地面相呼应。

马
卡
龙
色
系
的
典
雅
组
合

浓浓法式风情

项目地址：中国，北京
设计公司：北京王凤波设计工作室
设计师：王凤波
摄影师：北京王凤波设计工作室

设计师在整个别墅的设计中，采用了原汁原味的法式风格。在整体色彩上，设计师采用了舒适感很强的灰白色为主色调，局部使用了法国普罗旺斯地区标志性的马卡龙色彩——海蓝色系和薰衣草色系。

1
C:15 M:18 Y:22 K:0

3
C:0 M:15 Y:5 K:0

2
C:35 M:0 Y:20 K:0

4
C:65 M:80 Y:60 K:25

一层

多扇巨大的落地窗，为客厅空间带来了良好的采光和通透感觉。别墅空间典型的"围炉而坐"的沙发摆放方式，突出了壁炉在一层会客空间的重要性。

1
C:45 M:14 Y:8 K:0
2
C:15 M:15 Y:25 K:0
3
C:25 M:60 Y:75 K:0

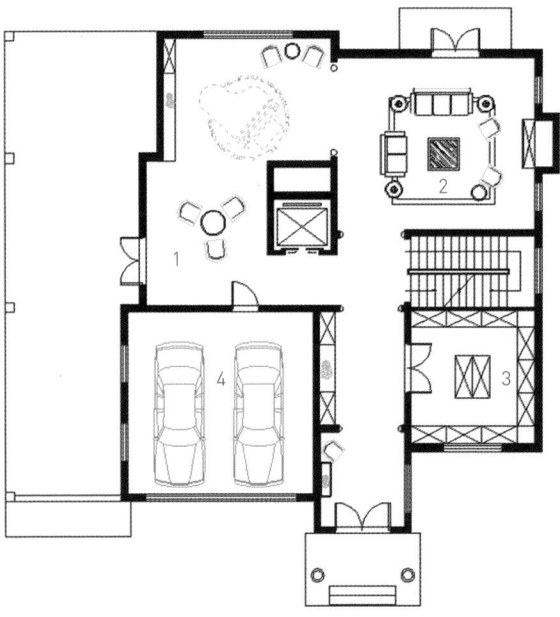

老人房

设计师在一层老人房的空间塑造中以代表海洋的蓝色来作为墙面的主色调，并搭配壁纸来装点空间，让老人房在舒适温馨的同时，也显得更加生机勃勃。

平面图

1. 餐厅
2. 客厅
3. 步入式衣帽间
4. 车库

1
C:85 M:70 Y:30 K:0
2
C:0 M:13 Y:75 K:0
3
C:55 M:60 Y:70 K:0

男孩房

以航海和星空为主题的儿童套房，是为业主还在上小学、最小的男孩设计的。蓝色与黄色搭配，以及空间中的船首造型，都清晰地阐述了这个主题。

1
C:70 M:40 Y:20 K:0
2
C:8 M:30 Y:14 K:0
3
C:50 M:80 Y:40 K:0

主卧套房

主卧套房是这个楼层面积最大的套房，原汁原味的法式风格彰显出别墅生活的舒适和尊贵。

1
C:8 M:30 Y:14 K:0
2
C:65 M:55 Y:55 K:0
3
C:15 M:18 Y:22 K:0

女儿房

由于大女儿已经大学毕业了，所以设计师在设计该卧室时使用粉色与灰色进行搭配，使套房的整体风格在温馨中更偏成熟和稳重一些。设计师将二女儿房主体风格定位在"公主房"上。床头的皇冠造型，以及空间中粉色与白色的结合，让空间充满了浓浓的童话气息。

色彩就是幸福定制的一切

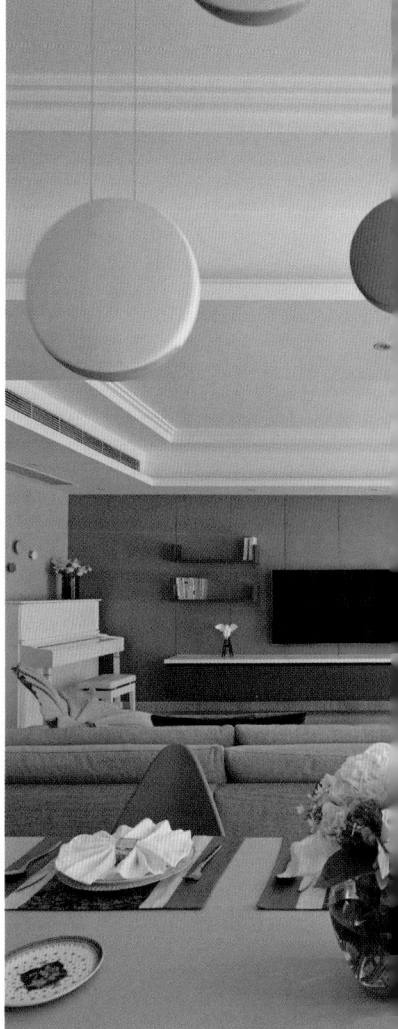

门前

项目地址： 中国，成都
项目面积： 180 平方米（不含户外）
设计公司： 余颢凌设计工作室
设计师： 余颢凌、阴倩、李艳腕
摄影师： 李恒

设计师采用大面积黑白灰、清新浪漫的紫色和甜美可爱的粉色将日常起居的地方营造出一种幸福的味道。清晨，这里有最明媚的日光，温润莹亮的雨露在庭院的枝叶下打转。午后，女主人在厨房的热气中旋转，透过门窗看着孩子们在客厅嬉戏打闹。

1
C:55 M:40 Y:30 K:0
2
C:0 M:0 Y:70 K:0
3
C:45 M:10 Y:0 K:0

客厅与餐厅

客厅原始面积足够大，但原有设计缺少储物空间，所以设计师在后期改造中在客厅区加入大量储物柜，电视墙也使用大面积黑白灰打造出现代简洁的味道，墙面上的置物架既点缀了墙面又起到置物陈设的作用。

大面积的客厅被划分为客厅和餐厅两个功能区。开放式的餐厅设计使空间视野更为开阔，灰白交替的餐椅、趣味十足的吊顶将用餐区渲染为时尚艺术气息浓郁的角落，每天的用餐时分注定是一种享受。

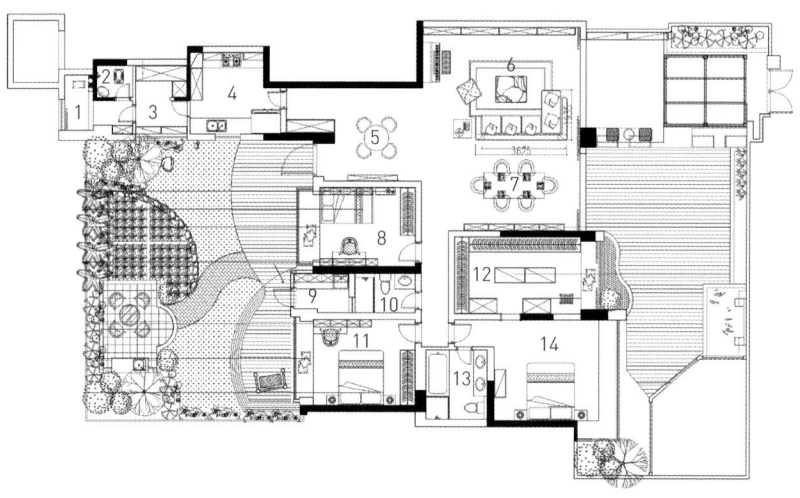

平面图

1. 保姆间
2. 保姆卫生间
3. 储藏间
4. 厨房
5. 早餐厅
6. 客厅
7. 餐厅
8. 大女儿房
9. 洗衣房
10. 公卫
11. 小女儿房
12. 衣帽间
13. 主卫
14. 主卧

1
C:55 M:40 Y:30 K:0
2
C:0 M:0 Y:70 K:0
3
C:35 M:20 Y:80 K:0
4
C:45 M:10 Y:0 K:0

柔和宜居

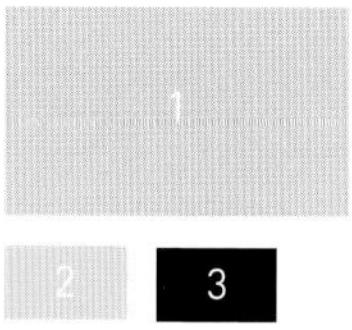

1
C:15 M:18 Y:22 K:0
2
C:0 M:13 Y:75 K:0
3
C:0 M:0 Y:0 K:100

主卧

主卧顺应空间整体设计风格，将背景墙化繁为简设计为简约自然的竖条纹搭配斑马挂画的造型，营造出舒适自然的起居氛围。

1
C:16 M:16 Y:0 K:0
2
C:55 M:0 Y:10 K:0
3
C:25 M:60 Y:75 K:0

1
C:10 M:30 Y:5 K:0
2
C:0 M:50 Y:40 K:0
3
C:25 M:60 Y:75 K:0

儿童房

儿童房选择用不同颜色的墙纸来装饰墙面。
业主有两个可爱的女儿，大女儿的房间设计
选择了清新浪漫的紫色，搭配简洁的白色家
具，优雅却不失童真；小女儿的公主房选择
甜美可爱的粉色，是酝酿童话美梦的小城堡。

打造一个充满趣味的『无玩具』家居空间

马卡龙家居空间

项目地址： 西班牙，巴塞罗那
项目面积： 70 平方米
设计单位： Egue y Seta 设计工作室
设计师： 马里奥·维拉
摄影师： VICUGO FOTO 摄影

本案中的主人是一对年轻夫妇：深色头发的工业设计师丈夫和皮肤白皙的语言教师妻子。两人都喜欢北欧风格的马卡龙色。设计师为他们打造了一个舒适的居住空间，巧妙地容纳并突出他们小规模但趣味十足的家具、艺术和文学收藏。

1
C:65 M:25 Y:30 K:0
2
C:0 M:0 Y:70 K:0
3
C:15 M:15 Y:25 K:0

多年以来，他们获得的最有价值的"藏品"不是挂在墙上的原版版画，抑或分散在各处的工业设计风格经典单色产品；在他们的世界里，最毋庸置疑的"珍宝"当属他们4岁左右的儿子。因为他的关系，家中的每个空间都有一大堆比藏品便宜得多，但色彩更鲜艳、材质更耐用也更具趣味的"物件"。

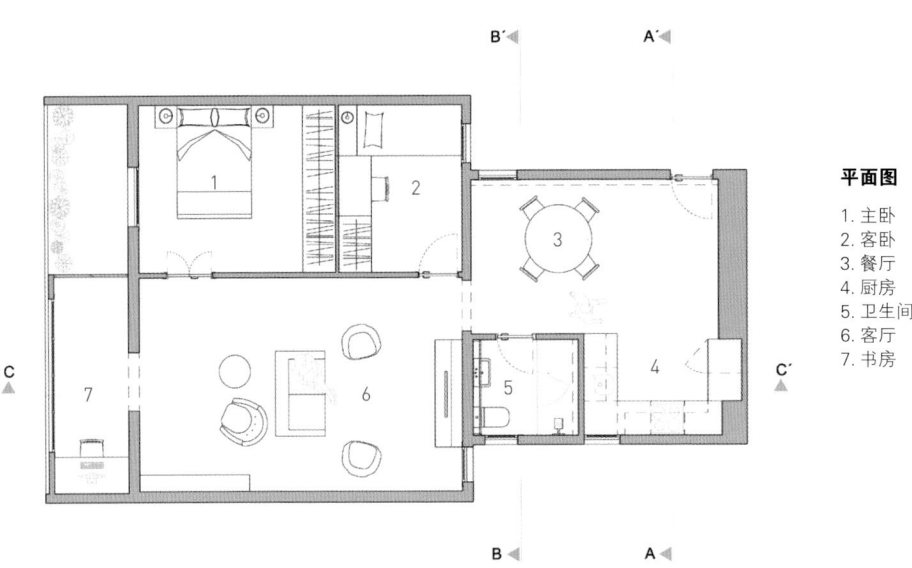

平面图

1. 主卧
2. 客卧
3. 餐厅
4. 厨房
5. 卫生间
6. 客厅
7. 书房

1
C:65 M:25 Y:30 K:0
2
C:0 M:0 Y:70 K:0
3
C:15 M:15 Y:25 K:0

柔和宜居

打造"无玩具"家居空间的时刻来到了，尽管为同是设计从业人员的委托人服务有些难度，本案还涉及趣味性设计，使得设计团队得以思考建成环境在家庭范围内的主导作用，同时有机会提出像从孩子口中问出的那些古怪问题一样，可能让人感到不悦的疑问："宗教建筑"能否作为"真正的设计对象"的背景出现？背景为什么是重要内容，却还出现在"背景"中？在本案中，这些问题的答案都变得清晰、实际和简单。随意地向外散发出有力色彩的明亮、整洁且舒适的背景就是空间的主体对象。背景的范围根据场合、目的以及观察者选定的焦点而变化。

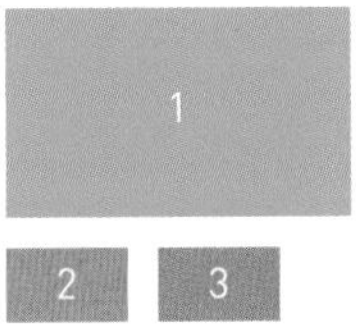

1
C:55 M:0 Y:50 K:0

2
C:0 M:50 Y:20 K:0

3
C:40 M:30 Y:30 K:0

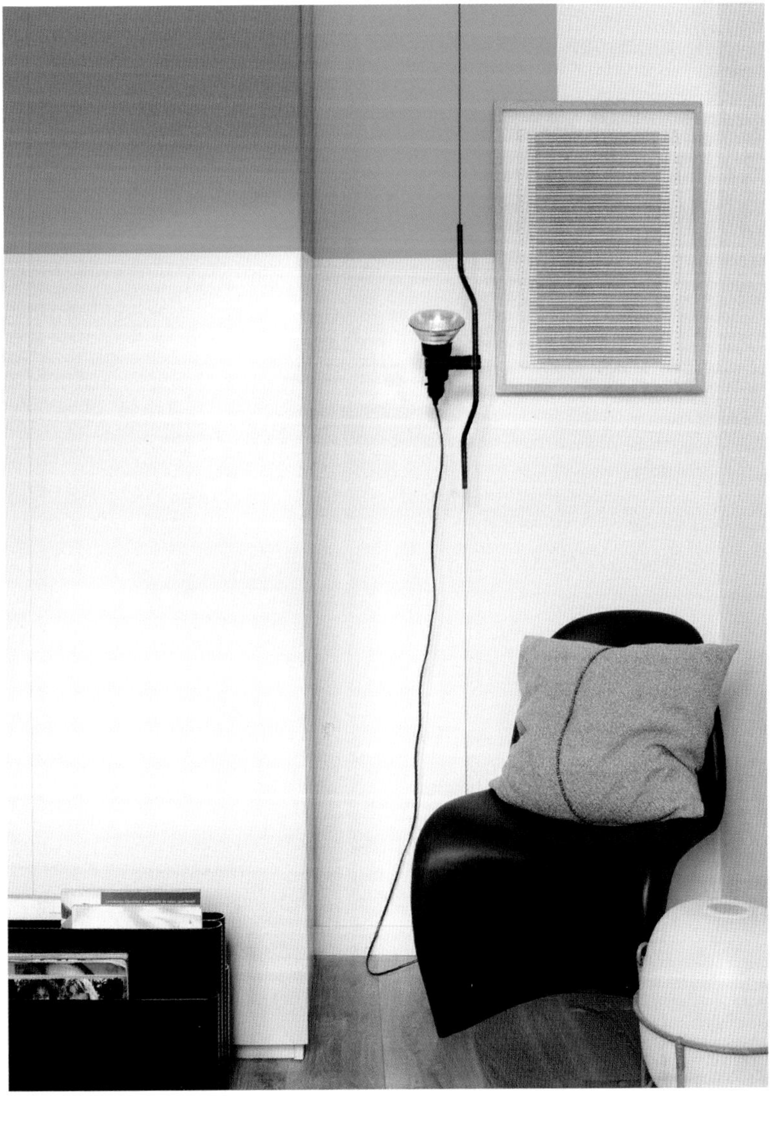

柔和宜居

第八章

传统的创意

传统风格以其悠久和典雅彰显出经典迷人的气质。传统风格也是最受欢迎的装饰风格之一，因为这种风格既可以严肃正式，也可以轻松随意。事实上，几乎任何颜色都能应用在传统风格的设计中，因为这种风格非常包容，不过以下具有创意性的配色方案会更加出色。

因为传统风格受到欧洲和美国装饰风格几个世纪的影响，所以有几种经典色可以追溯至早期的装饰艺术风格。最常用的双重配色是蓝色配绿色、黄色配蓝色、红色配绿色。具体的色调深浅可能会根据时代而略有不同（比如说，深紫红和猎人绿是20世纪90年代的流行配色），但是基本元素不会变。跟传统风格一样，这些颜色在色调上也极具包容性，不会显得过于大胆、苍白或刺目。

基本色

传统风格设计中注定使用的颜色就是基本色，一般限定在红色、蓝色和黄色，并且跟珠宝的色调最配，比如红宝石色、蓝宝石色和黄水晶色。这些丰富的色彩也能跟传统风格设计中常用的深色木质家具完美搭配。

中性色

中性色在传统风格设计中大量使用，能凸出艺术品和古董摆设的展示效果。通过选择奶油色、黄褐色、灰褐色或者鸽子灰等这些低调的颜色，能够彰显艺术藏品显著的存在感。比如客厅展示了由柔和的中性色构成的静谧的配色（象牙白+咖啡色），通过在墙面和家具软装上的应用，再将你的视线自然而然地引到沙发上方的画框上来。这些色调搭配也让深色的座椅或其他家具成为空间中的焦点。

有机色

最后这种适合传统风格设计的配色方案使用了来自大自然的颜色。端庄大气、充满贵族气息的家居环境，即今天的古典风格的鼻祖，通常是从户外花园中寻求室内配色的灵感——翠绿、郁金香粉、日光黄、天空蓝以及玫瑰色的各种色调，从桃红到绯红。这些颜色亲切温馨，魅力无穷，非常适合家居环境，但同时，这些颜色也可以是繁复而典雅的——正如传统装饰风格的特点一样。

传统装饰风格需要更加正式的、经典的家具陈设。但是，不要错误地将传统等同于古板。这里展示的是传统风格在现代应用中的一些标志性设计手法。没有什么比古典家具更适合传统风格了。可以直接用古董家具，或者是从古董衍生出来的风格的现代家具。增加一件古典家具就能为现代空间平添一抹古典风韵。

对称的空间布局也是传统风格设计的一个标志性手法，比如，壁炉周围沙发和椅子的平衡布局。对称布置的艺术品也能体现出传统风格。丰富的色彩是表现传统装饰风格的另外一大标志，但是色彩丰富并不一定要厚重强烈。织物色的墙面漆，颜色清浅却有着温暖的底色，可以营造出一种通透的传统风格。

细节可以进一步优化你的装饰设计。窗户、枕头和摆件等可以增加一些传统镶边和表面处理，能营造一种精致烦琐的装饰设计感。传统装饰有一种温暖、舒适的感觉，是一种跨越时空和流行趋势的永恒风格。

大胆配色
大胆的色彩搭配中性色使用，你就能轻松营造出极具视觉冲击的空间。秘诀就是改变大胆色彩的亮度，然后使用一种或明或暗的中性色，打破相似色调的沉闷。
我们使用的色彩：
三角帽黑
古董红
乡村黄

平衡配色
平衡始于中性基础色，在此之上，使用亮色营造焦点。所有房间都遵循这条法则。关键是要心怀整体效果。相互连接的空间要视为一个整体，而不是分离的小空间。
我们使用的色彩：
文物棕
石狮棕
靛蓝

大胆配色
大胆即美

平衡配色
一切归于平衡

精致配色
深邃而精致

精致配色

用相似色调和饱和度相近的颜色营造柔和的效果。作为万能的通用配色，这样的配色深邃
而抚慰人心。再加上亮色的装饰品作为点缀，可以随你的心情而改变。

我们使用的色彩：

粗麻布黄

沙滩黄

山麓棕

古董收藏和现代家具的优雅组合

卡萨·阿马雷拉

项目地址：西班牙，圣保罗
项目面积：450 平方米
设计单位：迭戈·莱维洛设计公司
设计师：迭戈·莱维洛
摄影师：阿兰·布鲁吉尔

大理石和天然木材的使用贯穿整个项目。所有环节的最终效果都按照传统概念中的工程标准完成。传统的经典结构，优雅时尚的古董家具，现代设计作品和艺术品组成了这个平衡而美观的精巧混搭空间。项目中最吸引眼球的是从房屋结构到装饰细节在内的整体组成中体现出的美感和平衡。

	1	**3**
	C:12 M:10 Y:15 K:0	C:45 M:80 Y:65 K:0
	2	**4**
	C:50 M:80 Y:40 K:0	C:0 M:13 Y:75 K:0

客厅

红色和紫色尽管给人一种似曾相识的感觉，却仍然是室内设计中较为少见的一种组合，属于不同凡响的搭配。所以如果你对普通配色感到厌倦，希望尝试不同的搭配，红色和紫色可以是一个不错的选择。它们之所以会让人感到躁动，是因为二者同源又不相同。就像母亲对孩子一样，红色对紫色有支配效果。有很多方法可以从红色中解放紫色。尽管红色和紫色的混用构成了一个设计上的挑战，增加一点灰色却会大有不同。

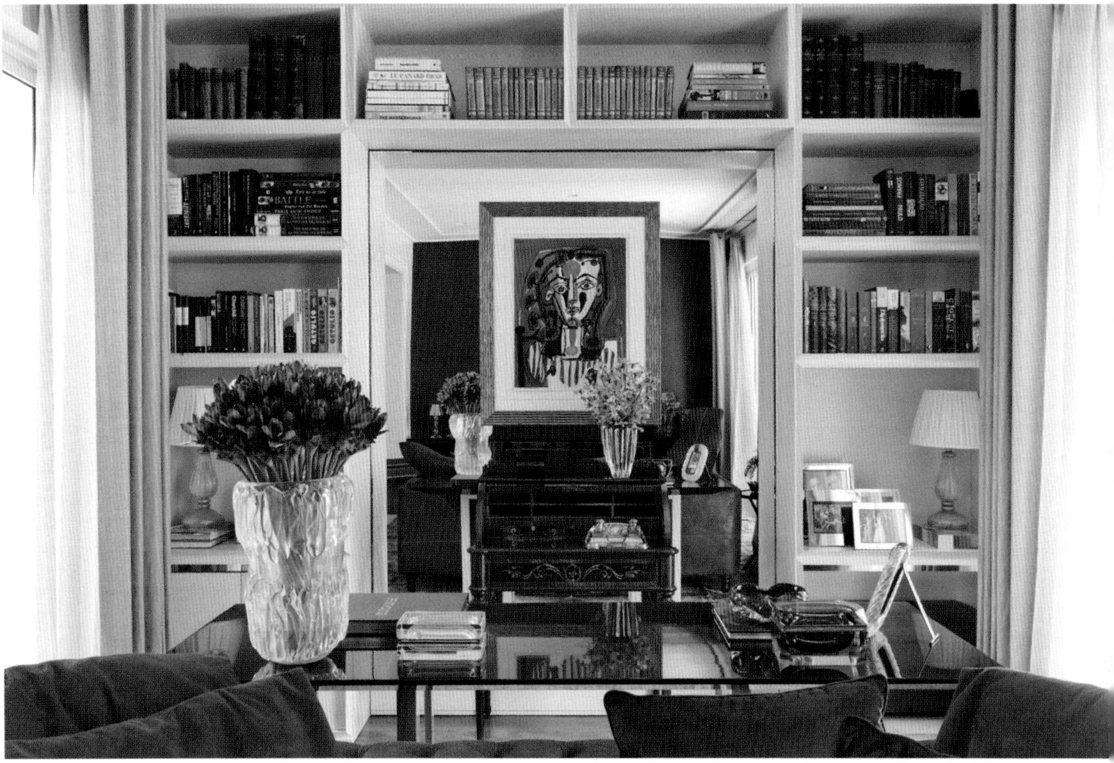

平面图

1. 花园
2. 客卧
3. 客卫
4. 盥洗间 2
5. 烧烤区
6. 洗衣房
7. 阳台
8. 厨房
9. 家庭影院
10. 盥洗间 1
11. 起居室
12. 午餐室
13. 门厅
14. 露台
15. 晚餐室
16. 车库

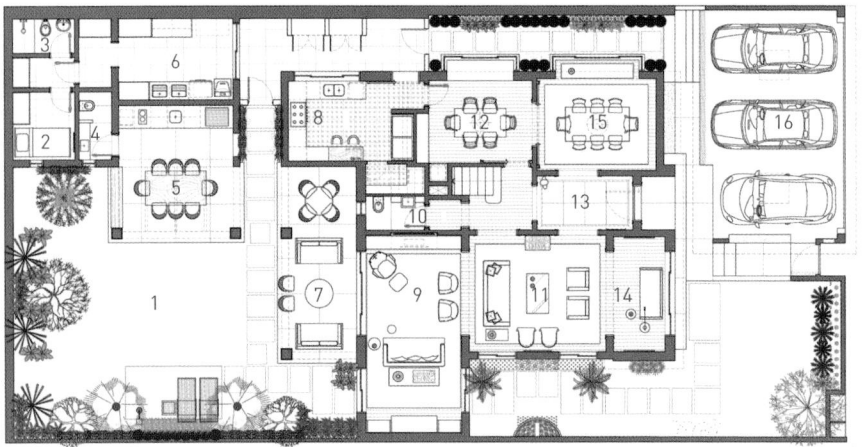

1

C:55 M:60 Y:70 K:0

2

C:45 M:80 Y:65 K:0

3

C:80 M:50 Y:40 K:0

家庭影院

帝王风范、友谊、优雅、智慧、尊贵，当你的室内装饰中使用了红色、紫色和灰色时，这些都是可以用来描述它的词汇。

奢华的紫色体现皇家风范和优雅气度。一抹紫色让人联想起先人留下的尊贵血脉，让我们心怀憧憬。

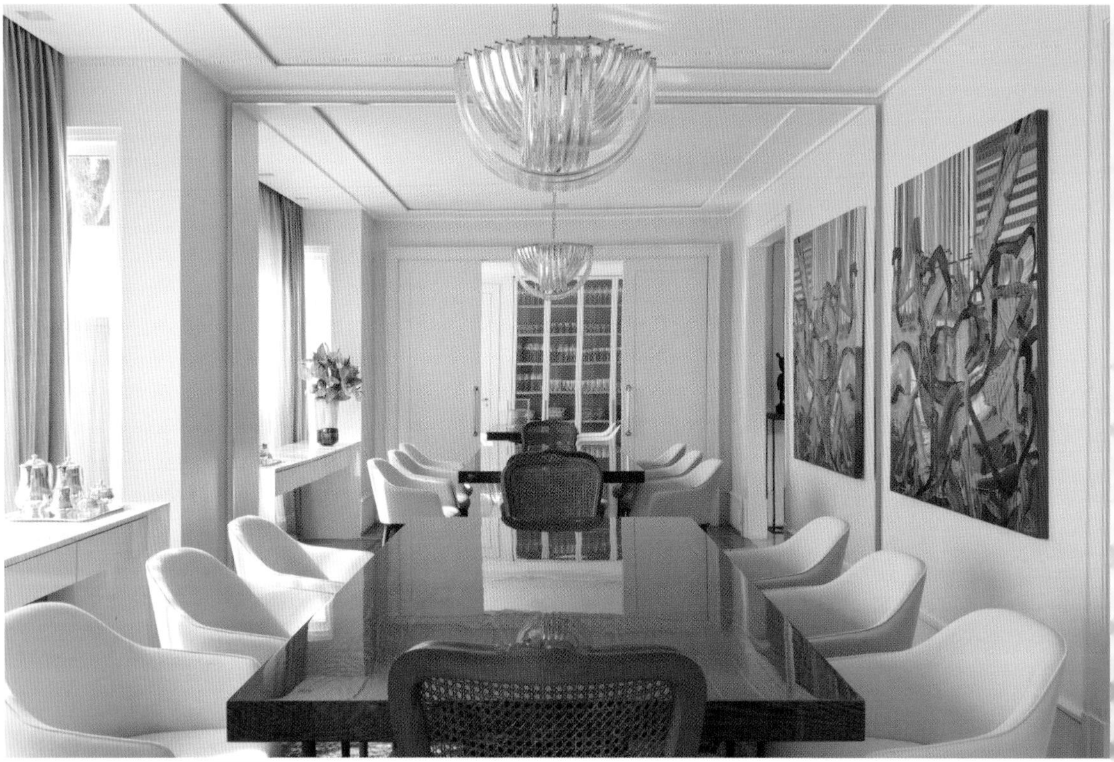

1
C:55 M:60 Y:70 K:0
2
C:15 M:18 Y:22 K:0
3
C:10 M:70 Y:0 K:0

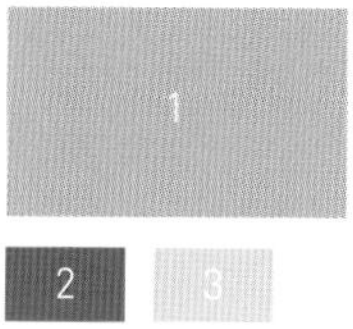

1
C:0 M:17 Y:39 K:20
2
C:85 M:70 Y:30 K:0
3
C:15 M:18 Y:22 K:0

用不同寻常的图案和配色反差
打造非传统家居空间

图案与配色的故事

项目地址：乌克兰，基辅
设计单位：Diff.Studio 设计公司
设计师：维塔利·尤洛夫，伊琳娜·泽莫西乌科
摄影师：Diff.Studio 设计公司

本案中，用于装饰这间公寓的不同图案和装饰物充当着空间的主角。设计师利用纺织品、地毯和其他装饰物上的印花和重复图案，打造出不同凡响的视觉效果，突出独特的氛围。应用在家具布艺上的对比色组合使得空间和谐统一。

	1	3
	C:20 M:15 Y:15 K:0	C:90 M:70 Y:45 K:0
	2	
	C:30 M:60 Y:35 K:0	

客厅

深红色给人内敛和神秘,华贵中带有优雅感觉。以深红色装点的客厅空间像一个梦幻的谜,带有魅惑性。青瓷色的沙发座椅、黑色的长方形茶几,右侧的角几、台灯,而暗红色仿佛万绿丛中一点红。客餐的材质、色彩软装搭配更多的带有对传统色彩和元素的敬意,而暗红色沙发让空间美感的表现更加的多样化。

平面图

1. 门廊（带遮
2. 餐厅
3. 起居室
4. 卧室
5. 步入式衣橱
6. 客用套房

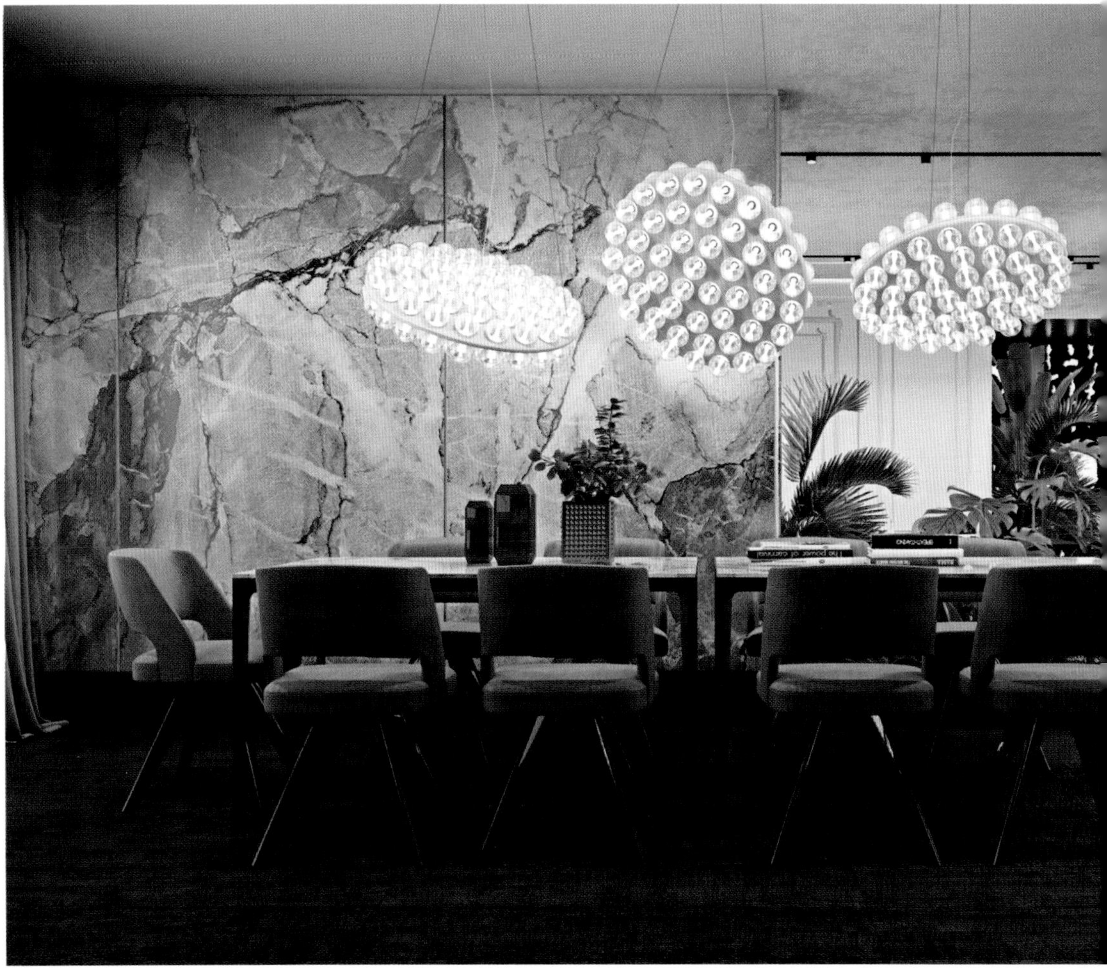

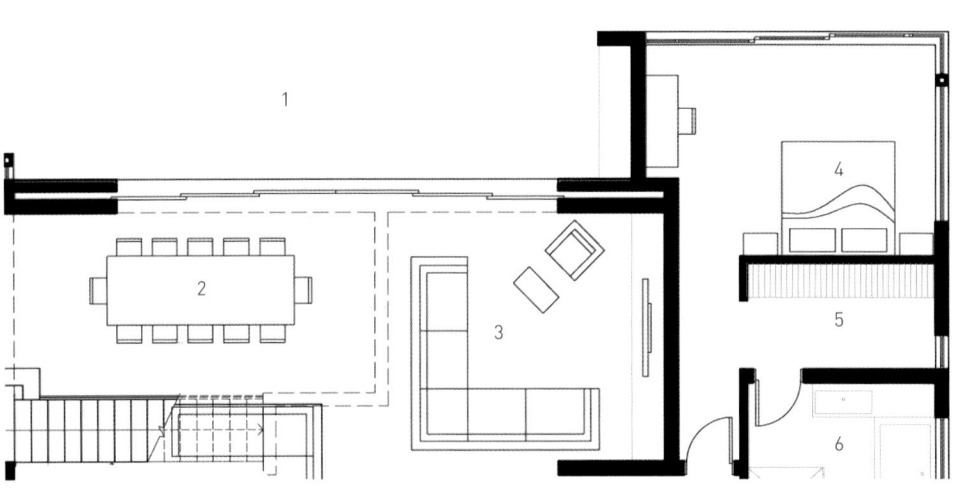

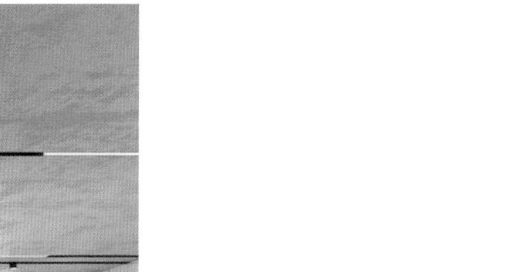

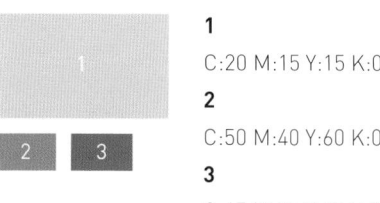

1
C:20 M:15 Y:15 K:0
2
C:50 M:40 Y:60 K:0
3
C:65 M:55 Y:55 K:0

餐厅

丰富的绿植和天然材料提升舒适感。以青瓷色和黑色为主的餐厅空间搭配白色的现代长桌与时尚现代的吊灯，让空间的表现非常的饱满和有张力。

卧室

灰色和棕色感觉像是中性的颜色，特别是它和白色搭配在一起时，还有一种微妙的反冲效果。在一个比较随意和舒适的主人房可以考虑这种颜色。这些颜色和丝绸制品搭配起来看上去会很好。小金猪和色彩斑斓的地垫串联起来，整个空间搭配在传统的基础之上给人时尚摩登的美感。

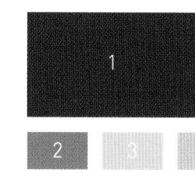

1
C:70 M:70 Y:70 K:30
2
C:55 M:40 Y:30 K:0
3
C:0 M:13 Y:75 K:0
4
C:15 M:18 Y:22 K:0

柔和舒适材质与巧妙配色
打造的精致空间

双景岭公寓

项目地址： 新加坡
项目面积： 50 平方米，130 平方米
设计单位： Ministry of Design 设计公司
设计师： 布罗·奥雷·舍人
摄影师： Ministry of Design 设计公司

本案服务的对象是 27 岁的单身女业主，她就职于科技通信行业，对设计有一定的鉴赏力，同时希望骄傲地展示自己的成果。
女性通常喜欢红色和黄色，但红蓝搭配紫色也对女性有相当的吸引力。最不受女性欢迎的颜色则是中性的棕色和灰色。设计师决定在项目中使用这些备受喜爱的颜色与常见的中性棕色调进行搭配。

	1
	C:25 M:60 Y:75 K:0
	2
	C:0 M:90 Y:90 K:10
	3
	C:15 M:18 Y:22 K:0

客厅

设计师利用织物覆面镶板和客厅、餐厅的弧线墙面实现空间的柔化处理，提升视觉美观度与使用舒适度。木质板条覆盖公寓一侧的整面墙壁，展示主人的工作成果。收纳盒的巧妙使用使得板条墙面同时具备储藏功能。客厅内，沙发和桌子的摆放突出了项目贯穿的多用途主题。沙发同时也作为招待客人时的就餐长凳使用，餐桌则兼备书桌功能。

1

C:15 M:15 Y:25 K:0

2

C:8 M:0 Y:25 K:20

3

C:50 M:0 Y:20 K:55

4

C:55 M:60 Y:70 K:0

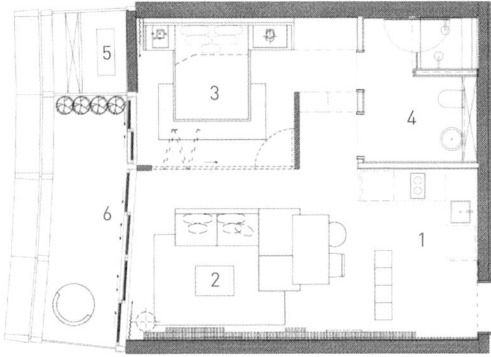

一号公寓平面图

1. 厨房
2. 起居室 / 餐厅
3. 卧室
4. 卫生间
5. 设备间
6. 阳台

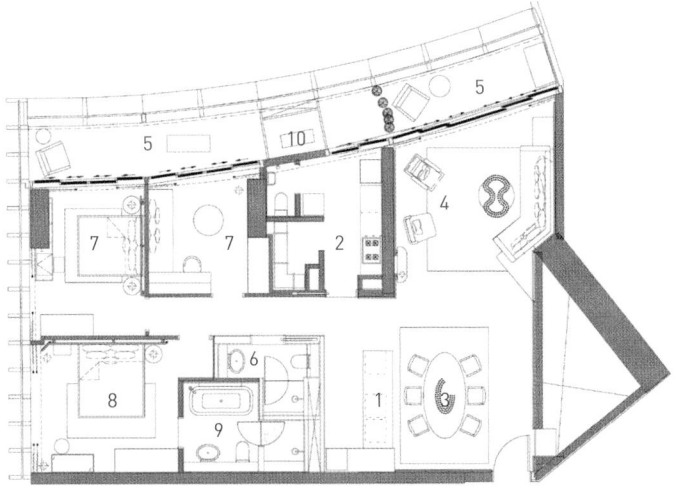

三号公寓平面图

1. 展示厨房
2. 洗涤厨房
3. 餐厅
4. 起居室
5. 阳台
6. 卫生间
7. 卧室
8. 主卧
9. 主卫
10. 设备间

传统的创意

1
C:45 M:65 Y:75 K:0
2
C:30 M:30 Y:30 K:0
3
C:45 M:15 Y:20 K:0
4
C:79 M:48 Y:0 K:0

卧室

主人爱好艺术、文化和美食。考虑到业主的这些需求，设计师们将三个卧室之一打造成了书房兼电视房。另外两个卧室延续了展示墙的设计，配合照明系统营造特色。
配色方面，女性化、男性化和中性配色并没有一成不变的规定。颜色有深浅浓淡之分，可能有人喜欢浅灰蓝色，但却很讨厌深的海军蓝。所以对蓝色系的偏好并不意味着每种蓝色都能普遍适用。

干练利落的色调尽显东方韵味

1
C:60 M:80 Y:80 K:40
2
C:0 M:60 Y:80 K:15
3
C:70 M:35 Y:0 K:0

东莞鼎峰源著别墅

项目地址：广东，东莞
项目面积：500 平方米
设计公司：李益中空间设计
设计师：李益中、范宜华、关观泉
摄影师：井旭峰

设计师围绕"资源利用最大化，人性化设计，核心空间，项目建筑与周边景观，室内外过渡空间利用"这几大方面来分析该别墅，打造一个注重品味，彰显高品质的四层豪宅。

同时，设计师还以现代设计手法，简洁而丰富的理念为基础，运用干练利落的色调及追求形式简练的统一，同时注重舒适性，强调设计感。探索对东方元素的吸取与创新，营造一个具有东方文化气息和现代都市并存的空间。

客厅

设计师认为房子的结构就像人的骨架，必须量体裁衣。不同的人有不同的适合自己的穿衣风格；不同的空间也应有与之相对比较适合的风格面貌，客厅的色彩和陈设定位为富有东方韵味的山水风景。

整个空间的色调以儒雅内涵的深咖色为主，软装陈设上穿插高贵孔雀蓝与爱马仕橙来丰富空间层次，以色彩表现悠然的东方意蕴，打造一个现代都市与东方韵律并存的空间。

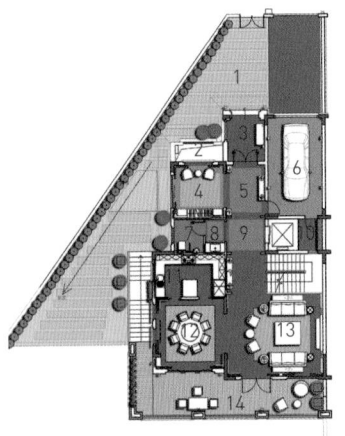

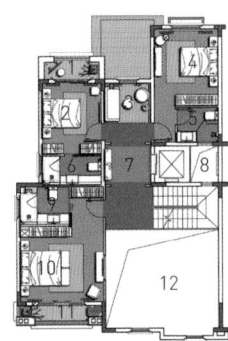

一层平面图

1. 庭院
2. 天井上空
3. 入户前厅
4. 偏厅
5. 玄关
6. 车库
7. 公卫
8. 盥洗间
9. 过厅
10. 天井
11. 中厨
12. 餐厅
13. 客厅
14. 露台

二层平面图

1. 阳台
2. 女孩房
3. 家庭厅
4. 男孩房
5. 套卫三
6. 套卫二
7. 过厅
8. 天井上空
9. 套卫一
10. 父母房
11. 阳台
12. 客厅上空

1
C:60 M:80 Y:80 K:40
2
C:0 M:60 Y:80 K:15
3
C:70 M:35 Y:0 K:0
4
C:15 M:18 Y:22 K:0

负一层

设计师在前期设计时考虑到户型方正，空间利用率高。负一层是个相对独立而轻松的空间，因此，设计师将这栋豪宅的负一层设计为家庭厅／书画区、酒水吧、斯诺克、茶艺、收藏室、公卫、工人房、洗衣房和储藏间。

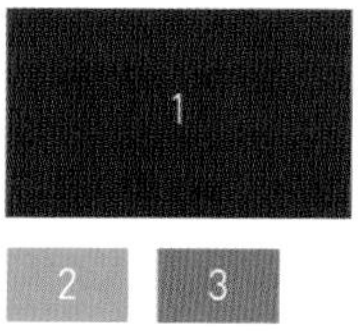

1
C:60 M:80 Y:80 K:40
2
C:30 M:35 Y:30 K:0
3
C:0 M:60 Y:80 K:15

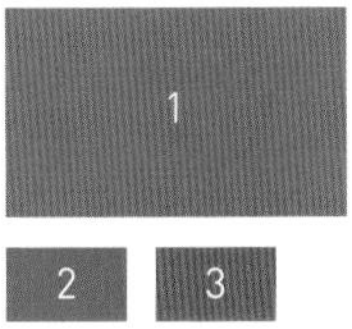

1
C:50 M:60 Y:40 K:0

2
C:80 M:50 Y:40 K:0

3
C:30 M:70 Y:55 K:0

卧室

设计师将露台纳入主卧使用，扩大了主卧的景观面积，同时增添了生活的趣味性。

在配饰上注重把握元素的文化内涵及陈设品的质感，将现代中式的东方气质植入软装设计中，使空间散发出东方的文化气息，给人艺术、东方、高端的视觉感受。

传统的创意

空间更具层次感

创意性的色彩搭配让素雅的法式风格

法式乡村

项目地址：中国，内蒙古
项目面积：103 平方米
设计单位：北京王凤波装饰设计机构
主案设计师：王凤波
摄影师：恽伟

设计师在这套 LOFT 样板间的塑造中，采用了纯正的法式乡村风格。但在设计师创意性的素雅的法式乡村风格中，又增添了一点点浓重的色彩，让空间更具层次感和延伸感，给人耳目一新的感觉。

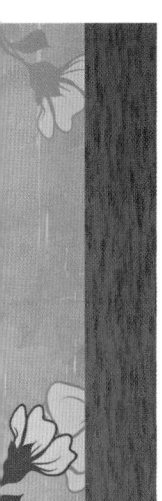

1
C:60 M:80 Y:80 K:40
2
C:65 M:25 Y:30 K:0
3
C:15 M:20 Y:10 K:10

客厅

设计师用旧木色的护墙板来装饰沙发后的整面墙壁，使得整体空间在素净之外平添了几分沉稳。

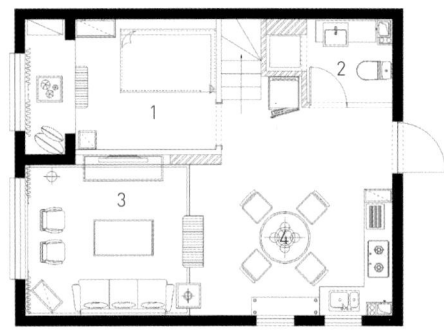

一层平面图

1. 卧室
2. 卫生间
3. 客厅
4. 餐厅与开放式厨房

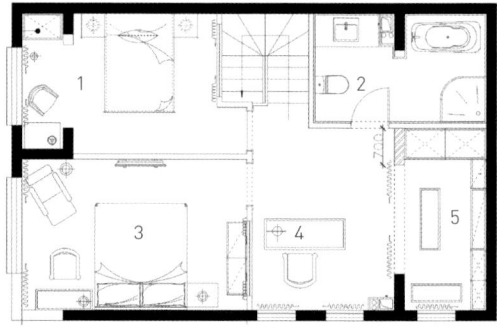

二层平面图

1. 卧室
2. 二层卫生间
3. 主卧
4. 阅读区
5. 衣帽间

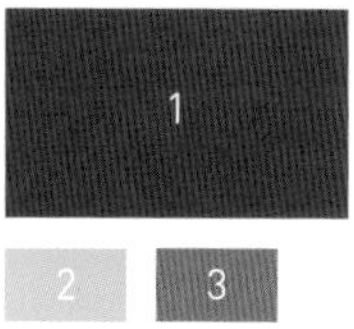

1
C:90 M:70 Y:0 K:0

2
C:55 M:0 Y:10 K:0

3
C:25 M:60 Y:75 K:0

餐厅

开敞式厨房和餐厅空间中，蓝色瓷砖与同样做旧感觉的橱柜也让空间的视觉感受更加丰富。

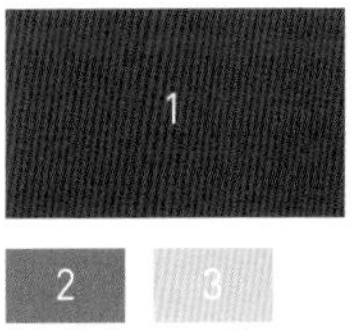

1
C:50 M:80 Y:40 K:0

2
C:70 M:40 Y:20 K:0

3
C:16 M:16 Y:0 K:0

卧室

设计师在一层次卧的墙壁上，创意地使用了大面积的护墙板，航海主题的护墙板与蓝色基调搭配在一起，形成了非常清朗的室内氛围。白色擦漆的小楼梯连接着 LOFT 住宅的一二层，精巧而不失大气。二层的主卧更体现出田园感觉，孔雀花纹的壁纸加上精致的小鸟吊灯，让空间充满宁静而舒适的气氛。在卧室旁边的更衣间，是设计师唯一用色彩营造出的一抹亮色。

1
C:65 M:100 Y:45 K:20
2
C:45 M:15 Y:20 K:0
3
C:16 M:16 Y:0 K:0

传统的创意

索引

F

方构制作设计工作室

福建品川装饰设计工程有限公司

H

好室设计

L

罗尔夫·奥克尔特设计公司

李益中空间设计

M

玛丽·布尔戈斯设计公司

S

苏州晓安设计事务所

W

维斯林室内建筑设计有限公司

Y

余颢凌设计工作室

壹舍设计

伊太空间设计有限公司

图书在版编目（CIP）数据

家居软装色彩搭配实用手册 / 陈思洁编；张晨，李婵译 .
— 沈阳：辽宁科学技术出版社，2017.9
　　ISBN 978-7-5591-0258-4

　　Ⅰ . ①家… Ⅱ . ①陈… ②张… ③李… Ⅲ . ①住宅－
室内装饰设计－装饰色彩－手册 Ⅳ . ① TU241-62

中国版本图书馆 CIP 数据核字 (2017) 第 112630 号

出版发行：辽宁科学技术出版社
　　　　　　（地址：沈阳市和平区十一纬路 25 号 邮编：110003）
印 刷 者：鹤山雅图仕印刷有限公司
经 销 者：各地新华书店
幅面尺寸：170mm×240mm
印　　张：21.5
插　　页：4
字　　数：240 千字
出版时间：2017 年 9 月第 1 版
印刷时间：2017 年 9 月第 1 次印刷
责任编辑：杜丙旭 孙　阳 刘翰林
封面设计：周　洁
版式设计：周　洁
责任校对：周　文

书　　号：ISBN 978-7-5591-0258-4
定　　价：198.00 元

联系电话：024-23280070
邮购热线：024-23284502
http://www.lnkj.com.cn